U0221311

本书受国家自然科学基金青年科学基金项目"基于碳排放核算的长三角地区乡村低碳生态评价体系研究"（项目编号：51908490）及中央高校基本科研业务费青年科研创新专项"浙江省乡村碳排放评价体系和影响机制"（项目编号：2019QNA4033）资助

低碳生态乡村评价

以长三角地区乡村为例

罗晓予 著

浙江大学出版社
ZHEJIANG UNIVERSITY PRESS

前　　言

全球气候变暖是全社会面临的严峻问题,通过控制温室气体排放来减缓全球变暖的速度已经成为全社会的共识;中国快速的城镇化进程使得乡村的碳排放量快速增长,碳汇聚量逐渐减少,乡村生态性渐渐消亡。现有的低碳生态乡村评价体系和规划策略多数停留在主观评价和分析阶段,缺乏对乡村低碳性的定量测算,评价指标和规划策略缺乏客观的量化碳排放数据支撑;而以量化的方法去计算空间地域的温室气体排放研究工作主要集中在国家、省域、大型城市层面,或是建筑单体层面,乡村尺度下的研究非常少。

本书筛选符合长三角地区乡村特征的排放源,构建了符合地区特征并与政府管理部门相对接的长三角地区乡村碳排放源清单;参考国际通用的碳排放核算基本方法,采用"自下而上"的方法收集排放源的活动水平数据,依据"地方—国家—国际"的原则筛选、整理并建立长三角地区乡村碳排放因子数据库,建构了长三角地区乡村碳排放核算模型。根据长三角地区乡村四种不同的地形地貌(山地、丘陵、平原和海岛),筛选乡村生态度评价的一系列影响因素与指标,建立长三角地区乡村生态度的主观评价方法;将乡村生态度评价方法与乡村碳排放的定量核算模型相结合,构建了主观与客观、定量与定性相结合的长三角地区低碳生态乡村的综合评价方法。对长三角地区不同地貌的八个典型乡村进行了乡村碳排放、碳汇聚和生态度三个维度的综合评价,分析了碳排、碳汇和生态度的主要影响因素和改善措施。

本书构建了包含碳排、碳汇和生态度的生态低碳乡村的综合评价体系和浙江乡村碳排放的简化模型测算方法,既能对乡村的碳排放和碳汇聚情况、生态发展状况进行细致全面的评估,又能对乡村碳排放情况进行快速的测算和横向比较。希望研究成果能为政府相关管理部门政策的制定提供一定的参考,为生态低碳乡村的规划建设提供一定的借鉴,助力乡村的低碳生态建设和可持续发展。

目　　录

1 绪 言

1.1 背 景

1.1.1 气候的变化与温室气体的排放

(1) 全球气候的变化

地球正在经历以全球变暖为突出标志的全球变化。根据 NASA 采集的全球温度数据,2016 年的全球地表平均温度比 19 世纪后期高约 1.20 ℃,比 2015 年高 0.12 ℃。2015 年,联合国政府间气候变化专门委员会(Intergovernmental Panel on Climate Change, IPCC)第四次评估报告指出:近 50 年的温度线性增速为 0.13 ℃/(10a),过去 50 年的升温率几乎是过去 100 年的 2 倍(图 1-1)。1961 年以来的观测结果表明,全球海洋温度的上升已延伸到至少 3000 m 深度,海洋已经并且正在吸收增加到气候系统的 80% 以上的热量,这一增暖引起海水膨胀,海平面升高了 0.17 m(秦大河等,2007)。

IPCC 报告认为:从过去 50 年观测到的地球平均温度升高的诱因中,有 90% 以上的可能性是由人类活动引起的,人类活动产生的碳排放导致地球系统碳循环变化是全球变暖的原因。全球气候变化给人类及生态系统带来了前所未有的生存危机:极端天气、冰川消融、海平面上升、永久冻土层融化、生态系统改变、水资源短缺、干旱与洪涝频发、水土流失面积扩大、土地沙漠化加剧、山地灾害加剧、大气成分改变等,人类活动已经严重危及自身生存的基础(秦大河等,2007)。

(2) 温室气体排放的控制

通过控制温室气体排放来减缓全球变暖的速度已经成为国际社会的共识。1992 年,《联合国气候变化框架公约》(UNFCCC)将气候变化主要归因于人类活动,同时明确提出工业化发达国家应负主要责任;1997 年,《京都议定书》(KP)进一步明确了减排国家在第一承诺期的减排量和时间表;2003 年,英国的能源白皮书首次提出"低碳经济"术语,即通过更少自然资源消耗和更少环境污染,获得更多的经济产出(Unit, 2003);2006 年,斯特恩报告指出在气候变化问题上尽早采取有

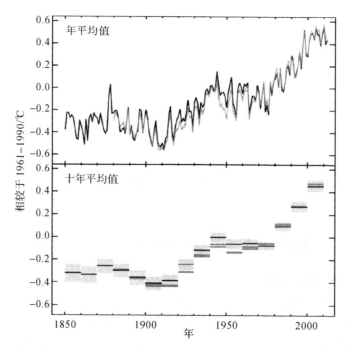

图 1-1　1850—2012 年全球地表平均温度变化

资料来源：https://www.ipce.ch/reports

力行动的收益大于成本，全球以每年 1% 的 GDP 投入，可以避免将来每年5%～20%的 GDP 损失（Zenghelis, 2006）；2009 年，哥本哈根世界气候变化大会将全球增暖幅度控制在较工业革命前高 2℃ 以内定为全球减排努力的参考目标。

　　自 2000 年以来，我国碳排放量急剧上升，到了 2005 年，已经超过美国成为全球碳排放总量最大的国家（图 1-2）。我国政府高度重视应对气候变化工作，采取了一系列积极的政策行动。2007—2016 年编制并实施了《中国应对气候变化国家方案》《"十二五"控制温室气体排放工作方案》《国家适应气候变化战略》《"十三五"控制温室气体排放工作方案》等一系列政策，加快推进产业结构和能源调整，大力开展节能减碳和生态建设。主要目标是在 2020 年单位国内生产总值 CO_2 排放比 2015 年下降 18%，碳排放总量得到有效控制（国发〔2016〕61 号）。

1.1.2　城镇化对乡村的影响

　　城镇化是指随着一个国家或地区社会生产力的发展、科学技术的进步以及产业结构的调整，其社会由以农业为主的传统乡村型社会向以工业和服务业等非农产业为主的现代城市型社会逐渐转变的过程，是历史的必经阶段（王长波等，2012）。我国乡村人口占总人口的 45.23%，乡村用地占全国土地面积的56.21%

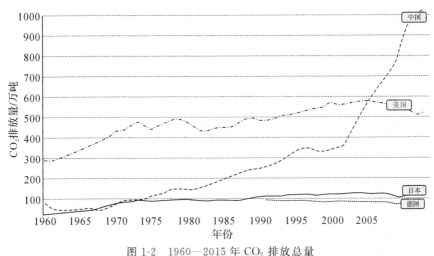

图 1-2　1960—2015 年 CO_2 排放总量

资料来源：Word Bank. Addaptation and mitigation of climate change in agriculture ［R］. World Development Report，2008.

（国家统计局，2015），在中国社会中占据举足轻重的位置。高速发展的城镇化进程对中国乡村有着巨大的影响。

（1）乡村碳源增长趋势明显

随着经济社会的发展，乡村居民生活水平不断提高，村民出行方式和用能模式也开始改变，乡村生活能耗日渐向城镇靠拢。1980 年，我国城镇人均生活用能为 332 kg 标准煤，是乡村人均生活用能（60 kg 标准煤）的 5.53 倍；到 2000 年和 2009 年，乡村人均生活用能分别提高到 76 kg 标准煤和 184 kg 标准煤，城镇与乡村的人均生活用能比值分别缩小为 2.76 和 1.83。城乡生活能耗差距正逐渐减小，乡村生活能耗正在快速增长。同时，乡村居民生活用能结构亟待优化。2007 年，我国农村居民生活能源消费结构中，秸秆、薪柴、煤炭等重污染高排放能源所占的比重分别为 48.33%、28.11% 和 14.08%，而电力、沼气、液化石油气等清洁低排放能源比重分别只占 5.47%、2.21% 和 1.71%，太阳能利用程度远低于城市水平（张蔚，2010）。随着城镇化的推进，乡村的产业类型也开始改变，过去的村庄以低碳排的原始农业和手工业为主要产业，现在传统的耕作农业开始向规模化、机械化的农业生产转化，高碳排的工业和旅游业成为很多乡村的支柱产业。

中国乡村在生产、生活和交通各方面的碳源增长趋势明显。乡村碳排放量已从 1979 年的 8.89 亿吨增至 2007 年的 28.74 亿吨，占全国碳排放总量的 40.99%（孙桂娟，2010）。乡村碳排放削减压力和减排难度都在增大。

（2）乡村碳汇能力日益减弱

中国的乡村有着丰富的自然资源与良好的生态环境，相比城市有着得天独厚的生态、低碳特征。但是,林地、草地等珍贵的乡村碳汇用地被乡村建设中"向田要地、向山要田"的土地开发模式所侵占,原始乡村的紧凑肌理被工业园区、服务业用地所割裂,乡村大气、水体、土地等生态系统被工业园区、旅游服务设施的开发建设过程所污染,乡村区别于城市最重要的碳汇功能正在日益减弱(陈晓春等,2010)。

(3) 乡村生态宜居特性逐渐消亡

近十几年来,乡村的社会结构、经济结构和空间结构发生迅速、重大的变化。随着农村城镇化率以每年约 1% 的速度增加,乡村产业结构、生活方式、聚居建筑、乡村景观受到了巨大的冲击。受农业技术、自然条件、自然资源禀赋、经济发展程度以及文化、风俗等多种因素的制约,乡村经济发展粗放、低效,土地利用布局零散、无序,产业发展盲目随意,乡村布局混乱。盲目照抄照搬城市建设模式,或简单复制传统的形态,导致原来传统乡村的生态宜居特性逐渐消亡,逐渐脱离其本来面貌。

(4) 基于量化核算的低碳生态乡村研究的不足

现有的低碳生态乡村评价体系和规划策略,多数停留在主观评价和分析阶段,缺乏对乡村低碳性的定量测算,评价指标和规划策略缺乏客观的量化的碳排放数据支撑。而目前以量化的方法去计算空间地域的温室气体排放研究工作主要集中在国家、省域或大型城市层面,针对乡镇、乡村等小尺度的研究比较少。中国城市与乡村在产业类型、用地布局、居民生活模式、能源输入方式等方面的差异使城市的碳排放核算方法无法有效地应用于乡村评价、规划和建设中。

因此,展开基于碳排放量化核算的低碳生态乡村研究,建立定性与定量相结合的低碳生态乡村评价体系,分析影响乡村碳排放的主要因素,将低碳生态理念贯彻运用到乡村的规划建设中,改善乡村居民生活用能消费方式,降低乡村的碳排放量,改变目前乡村的"粗放式"发展模式,恢复乡村的自然生态优势是当前乡村规划建设的必然趋势。

1.2　低碳生态乡村

1.2.1　概念的界定

(1) 生态村

20 世纪 80 年代初期,以提倡环境和社会可持续发展为标志的首批生态村在欧洲出现。1990 年,盖娅基金会(Gaia Foundation)在丹麦成立,致力于对生态村的研究与实践,一年后,基金会发表题为"生态村与可持续社区"(Eco-villages and Sustainable Communities)的研究报告,正式提出生态村的概念,"生态村是以人类为尺度,把人类活动结合到不损坏自然环境为特征的居住地中,支持健康地开发利用资源,能够可持续地发展到未知的未来"。一般认为生态村普遍具备如下几个特征:人性化的规模、完善齐备的功能、不损害自然的人类活动及健康可持续的生活方式(Gilman,1991)。

(2) 低碳经济和低碳乡村

英国的能源白皮书《我们能源的未来:创建低碳经济》在 2003 年首次提出"低碳经济"的概念,认为"低碳经济是通过更少的自然资源消耗和更少的环境污染,获得更多的经济产出;低碳经济是创造更高的生活标准和更好的生活质量的途径和机会,为发展、应用和输出先进技术创造了机会,同时也能创造新的商机和更多的就业机会"。中国环境与发展国际合作委员会(CCICED)报告指出,"低碳经济是一种后工业化社会出现的经济形态,旨在将温室气体排放降低到一定的水平,以防止各国及其国民受到气候变暖的不利影响,并最终保障可持续的全球人居环境"(郑莉,2011)。虽然不同的文献中对低碳经济概念的表述略有差异,但是有关低碳经济的核心思想是统一的,即减少自然资源消耗,减少温室气体排放。所以,低碳经济是指在可持续发展理念指导下,尽可能地减少高碳能源消耗,减少温室气体排放,达到经济社会发展与生态环境保护双赢的一种经济发展形态。

2007 年 9 月 8 日,胡锦涛主席在亚太经济合作组织第十五次领导人会议上明确主张"发展低碳经济",并将建设环境友好型社会、资源节约型社会和发展循环经济、发展低碳经济一起确立为我国可持续发展四大战略措施。

2010 年开始,陆续有学者提出了结合低碳经济和低碳生活的低碳乡村的相关概念(董魏魏等,2012),低碳乡村代表了未来乡村发展的形态,其实质是生产过程中能源效率和能源结构问题,目标是通过生产发展过程中依靠技术和政策措施实现大规模节能减排,建立一种民居低碳、产业低碳、养生低碳的生态乡村模式。简单来说,低碳乡村就是以减少温室气体排放为目标的乡村全系统的发展模式。

(3) 低碳生态乡村

生态乡村和低碳乡村两个概念互有交叉,生态乡村要求减少各种人类活动对环境的影响,低碳乡村定义更确切,要求减少温室气体排放对环境的影响,温室气体的排放正是人类活动对环境的影响的重要组成。同时,生态乡村还涵盖了可持续发展的思想,要求乡村具有完善齐备的功能和健康可持续的生活方式,有较高的生态宜居度,这离不开完备的基础配套设施、良好的经济发展水平和健全的管理制度。

本书研究设定的低碳生态乡村,结合了低碳乡村和生态村的概念,是在可持续发展理念指导下,尽可能地减少温室气体排放,提高乡村的生态宜居度,达到经济社会发展与环境保护双赢的一种生态乡村发展模式。生态村的概念(孙义飞、董魏魏,2012),主要包括生态系统、建造系统(基础设施和建筑单体)、经济系统(经济产业）、治理和凝聚力（规划管理）等五方面特征，以及对所有特征的系统综合性考虑。

1.2.2　评价体系

（1）国内相关评价体系研究

西方国家传统模式下的乡村就是一个小型住区，而且与城市住区在本质上并没有不同，因此国外并没有专门针对乡村的评价指标体系，相关指标评价体系主要参考城市住区。中国的"村"作为最小的行政单元，与西方国家住区式的乡村概念有较大的差别，是集居民生活、土地利用、农牧业和工业活动为一体的空间。

笔者在 2017 年通过"农村""乡村""评价体系""指标体系"等关键词对万方、CNKI 等国内文献检索系统进行检索后共发现匹配的相关文献 140 篇（表 1-1）。从检索结果来看，我国关于乡村评价体系的研究始于 2000 年，评价的主题集中于乡村绿化景观、乡村旅游、乡村住宅、乡村基础设施等方面，针对乡村系统性全方位的评价始于 2005 年，共有 30 篇（表 1-2），其中 17 篇是从新农村建设角度出发，考虑"生产发展、生活宽裕、乡风文明、村容整洁、管理民主"的要求，较少涉及生态环境和低碳发展；而"低碳""生态"理念与乡村评价体系的结合始于 2011 年，检索结果有 5 篇（表 1-3），尚处于起步阶段。

表 1-1　乡村评价体系中文文献涉及的主题分布

研究主题	文献数目/篇	研究主题	文献数目/篇
绿化景观	8	基础设施	15
旅游	7	乡村整体性	30
住宅	9	其他	71

表 1-2　乡村整体性评价体系中文文献涉及的主题分布

研究主题	文献数目/篇	研究主题	文献数目/篇
全面建设小康社会	3	低碳生态	6
新农村建设	17	其他	4

表 1-3　低碳生态乡村评价体系相关文献

文献来源	评价对象	权重设定	评价方法	一级评价因子	二级评价因子	三级评价因子	结果呈现
郑莉，2011	湖区村镇	AHP 法	专家主观评定	2	10		比值
董魏魏等，2012	乡村	灰色综合评价法	专家主观评定	8	33		统计学数值

续表

文献来源	评价对象	权重设定	评价方法	一级评价因子	二级评价因子	三级评价因子	结果呈现
陈玉娟等, 2013	浙江乡村	AHP 法	专家主观评定	8	26	—	百分制
宋凤等, 2015	北方泉水村	德尔菲法	专家主观评定	3	19	47	百分制
陈锦泉等, 2016	乡村	投影寻踪聚类法	专家主观评定	4	27	—	统计学数值

现有的低碳生态乡村评价体系多采用多层次的指标构建方式,但是尚未有统一的指标构建依据和构建因子。郑莉(2011)在湖区村镇环境生态性评价中,借鉴CASBEE 的评价方法,从环境负荷和环境质量两方面考量湖区村镇住区的环境:将目标居住环境质量分为防灾减灾系统、自然环境系统、人工建设系统、社会人文环境等 4 个因子;目标居住环境负荷评价设有土地资源的消耗、水资源的消耗、能源的消耗、材料的消耗以及室外环境运营和管理等 5 个因子。

董魏魏等(2012)运用复合法从产业结构低碳化、农业生产低碳化、能源结构低碳化、基础设施低碳化、科技发展低碳化、生活方式低碳化、废物处理低碳化、乡村环境低碳化等 8 个方面选取指标。陈玉娟等(2013)从低碳生产、低碳建筑、低碳交通、低碳基础设施、能源利用、生态环境、低碳生活、低碳政策法规等 8 个方面构建低碳新农村建设评价体系。宋凤等(2015)针对北方泉水乡村,从泉水的角度出发,按照自然环境、人工环境和社会环境三方面构建了 19 个价值评价因子及 47 个表征指标。陈锦泉等(2016)主要从经济、社会、资源环境、制度保障等 4 个方面构建评价体系的 28 个二级指标。上述指标体系中,一级评价因子 2~8 个,二级评价因子 10~33 个,部分指标体系有三级评价因子。虽然表述方式不同,但是同时考虑生态环境、建筑单体、经济产业、基础设施和规划管理等方面低碳因子内容的只有陈玉娟等(2013)的低碳新农村建设评价体系,但是该评价体系的 8 个一级因子内容互有交叉,并且一级因子与政府部门的职能划分不对应,导致评价结果很难直接反馈到政府管理行为上。

在指标细则的评定方面,现有的指标体系虽然大多按照客观数据收集与专家打分结合的方式评定,但是客观数据的评定指标也是通过专家认定的方式获得的,因此指标细则的评定方式主观性太强。

评价方法上,现有的评价体系分别采用了 AHP 层次分析法、德尔菲法、灰色综合评价法和投影寻踪聚类法。灰色综合评价法是基于模糊数学的评价方法,是以经过加工的评价值作为综合的对象,将指标假设为等权重,评价过程相对复杂,评价结果是一个关联系数,不利于后期推广时的操作和理解。投影寻踪聚类法以每一类内具有相对大的密集度,而各类之间具有相对大的散开度为目标来寻踪最优一维投影方向,并根据相应的综合投影特征值对样本进行综合分析评价(陈锦泉,郑金贵,2016),与灰色综合评价法类似,评价数理过程相对复杂,评价结果是相对数值,没有实际意义,不利于评价体系的后期推广和理解。AHP 层次分析法和德尔菲法是相对权威的统计方法,都是基于专家群体的知识、经验和价值判断在前期确定因子权重,结果清晰明确,可操作性强,有利于评价指标体系的后期推广。

在评价结果呈现方面,部分指标体系参考 CASBEE,通过环境负荷和环境质量比值的方式呈现(郑莉,2011);部分指标采用统计学计算值作为最终结果(孙义飞,2013);另一部分指标采用百分制作为最终评价结果(陈王娟,2015)。相比之下,百分制的评价结果更清晰明确,有利于指标体系的理解和操作。

(2) 政府出台的相关评价体系

1)国外颁布的相关评价体系

国外并没有特别针对乡村的评价指标体系,所以低碳生态乡村的指标评价体系可以参考生态绿色住区的评价指标体系。

①LEED

1998 年,美国绿色建筑委员会研发的"能源与环境设计先锋"(LEED),是以市场为导向的建筑物环境影响评估系统。LEED 邻里开发评估标准(LEED for Neighborhood Development,简称 LEED-ND),用于社区规划和发展评估。其核心理念整合了"精明增长"与新城市主义以及绿色建筑三大绿色住区的发展原则(美国绿色建筑委员会,2002)。

LEED 的评估内容包括选择可持续发展的建筑场地、节水、能源和大气环境、材料和资源、室内环境质量、符合能源和环境设计下的创新得分等 6 大项,其中每一个方面又包括了 1～3 个必须满足的先决条件,以及 2～8 个(共计 32 个)评价子项目,每一个子项目又包括了若干细则。每个子项最多可获 1 分或 2 分,所有分项的分数相加得到总分。其中"能源"和"可持续发展的建筑场地"两项权重最高,其占比分别为 27%和 17%。

参评建筑首先要满足每个项目里规定的前提条件,否则无法进入下一阶段的评估,在满足了每个项目里规定的前提条件后,就可根据每个得分点的规定对参评建筑进行打分。每个得分点都列出了目的、要求和技术、对策,将各个得分点的分数相加就得到参评住区的最终分数。通过 LEED 评估的建筑可以获得绿色建筑证书,共分 4 个级别:白金认证书、黄金认证书、银质认证书和通过认证书。

LEED 体系有其突出的一个特点,它在对目标进行评估时,仅用简单的打分求和来计算最终结果,特别易于操作。正因为这一点,LEED 自推出以来发展非常迅速,在北美地区的影响力很大。

②CASBEE

日本的建筑物综合环境性能评价体系(Comprehensive Assessment System for Building Environmental Efficiency，CASBEE)，是一种较为简明的评价体系。它是由日本国土交通省、日本可持续建筑协会(建筑物综合环境评价研究委员会)于2002年开发出的一套绿色建筑评价体系(日本可持续建筑协会，2005)。

在具体评分时把评估条例分为Q和L两大类：Q(Quality)指建筑环境质量和为使用者提供服务的水平；L(Load)指能源、资源和环境负荷的付出。所谓绿色建筑，即是我们追求消耗最小的L而获取最大的Q的建筑(日本可持续建筑协会，2005)。

CASBEE是世界同类评价体系中首次尝试将生态效率概念应用于实践的评价工具。此生态效率概念已由全球可持续发展商业委员会及经济合作及发展组织等提议。在日本建设部的支持下开发并协同企业、政府部门及学术机构的共同参与制定。如图1-3中所示，纵坐标Q为建筑物环境品质性能，是可持续发展的方面。横坐标L为建筑物环境负荷，是不可持续发展的方面。CASBEE等级分为四级：S为极佳，A为优，B+为良，B-为较差，C为差。当评估结果处于图中S区和A区时，表示该项目通过很少的资源能源和环境付出，就获得了优良的建筑品质，是最佳的绿色建筑。B+区尚属于绿色建筑，但或资源与环境消耗大，或建筑品质略低。B-区属于高资源、能源消耗大，但建筑品质并不太高。C区则是很多的资源能源和环境付出却获得低劣的建筑品质，这是我们一定要设法避免的(日本可持续建筑协会，2005)。

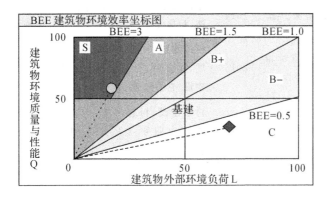

图1-3　CASBEE结果评价[26]

资料来源：日本可持续建筑协会. Comprehensive Assessment System for Building Environment Efficieney[M].北京：中国建筑工业出版社，2005：10.

2)我国政府出台的相关评价指标

环境保护部、农业部及各省(区市)相关部门陆续出台了相关评价指标和考核标准,如《全国环境优美乡镇考核标准》(环发〔2007〕195 号),《美丽乡村创建目标体系》(农办科〔2013〕10 号),《国家级生态村创建标准(试行)》(国发〔2005〕39 号),《国家生态文明建设示范村镇指标(试行)》(环发〔2014〕12 号),《美丽乡村建设规范》(DB 33/T 912—2014),《生态文明乡村(美丽乡村)建设规范》(DB37-T2737.1—2015),详见表 1-4。

现有政府部门出台的评价指标体系在指标构成方面重点关注生态环境、村庄建设等方面,缺乏对低碳、能源的考虑;指标体系中没有考虑指标权重,所有指标都是等权重的;除了《生态文明乡村(美丽乡村)建设规范》(山东省地方标准)主要通过专家打分的方式得到最终的评价结果以外,其他的评价指标只有指标评价细则和考核标准而没有具体的评价方式。

表 1-4   我国政府出台的乡村评价指标

指标体系	颁布部门	时间	指标大类	评价方式
《全国环境优美乡镇考核标准》	环境保护部	2007	社会经济发展、建成区环境、辖区生态环境	未有具体的评价方式
《美丽乡村创建目标体系》	农业部	2013	产业发展、生活舒适、民生和谐、文化传承、支撑保障	未有具体的评价方式
《国家级生态村创建标准(试行)》	环境保护部	2013	经济水平、环境卫生、污染控制、资源保护与利用、可持续发展、公众参与	未有具体的评价方式
《国家生态文明建设示范村镇指标(试行)》	环境保护部	2014	生产发展、生态良好、生活富裕、村风文明	未有具体的评价方式
《美丽乡村建设规范》(浙江省地方标准)	浙江省标准化研究院	2014	村庄建设、生态环境、经济发展、社会事业发展、精神文明建设、常态管理	规范
《生态文明乡村(美丽乡村)建设规范》(山东省地方标准)	山东省委农村工作领导小组	2015	村庄建设、村容环境、产业发展、公共服务、乡风文明、村务管理	专家打分

1.2.3   规划建设实践

(1) 国外低碳生态村规划建设实践

在发达国家和地区的大城市及其郊区,随着城市人口的膨胀,不可再生资源的过量消耗以及经济发展所造成的生态恶化,人们不得不重新考虑其生存环境以及应如何实现可持续发展(张蔚,2010)。一些发达国家开始对环境破坏、不可再生资源的过量消耗、栖息地的污染与生活方式的不可持续性产生认识并进行反省,从政府部门到非政府组织、农场主、科学工作者都在寻求可持续发展的方式并进行实践探索(陈亚松,2011)。1996年6月3—14日联合国在伊斯坦布尔召开了世界居住地第二次各国首脑会议,会议的主题就是专门讨论如何使人类在地球上保持可持续的居住地,如何保护环境及未来的城市文明。会议的主要成果之一就是要在大城市郊区发展生态村(ecological village)(杨京平,2000)。

1)欧美生态村的发展模式

欧美发达国家早已经完成了城市化过程,主要人口集中在城市中,郊区和农村地区人口非常稀少,农村地区主要是以农场为单位组成,基本上形成了一种"只有农场(farm),没有村庄(village)"的格局(刘雪等,2005)。在这种情况下,生态村的发展模式,主要是在一些公共土地(open space,public space)、未开发土地新建一个村庄,或者是在私人农场的基础上扩建一个村庄。也有一些城市街区和城市近郊的居住区,通过引入生态技术进行改造,形成生态街区或生态居住地,也被称为"生态村",其发展模式可以概括为以下几个方面(Kirby A.,2003)。

①绿色建筑模式。在太阳能利用、节能、节水、绿化以及材料绿色化、技术集成化等方面,都进行了专门的设计的绿色建筑模式,例如德国汉堡达斯迈登生态村(刘雪等,2005)、瑞典的生态村(刘雪等,2005)、美国Ithaca生态村(Kirby A.,2003)。

②村庄及其生态景观模式。经过对村内建筑物的坐落、土地的利用类型、资源的利用、生态景观、人口及管理方式等内容的科学的规划和设计,生态村能够形成合理的布局、结构和优美的景观,强调社会环境和居民之间的联系以及居民与自然的亲密关系(刘雪等,2005)。

2)日本生态村的发展模式

日本虽然也是经济发达国家,城市化已经达到了比较高的水平,但其生态村的发展模式与欧美发达国家是有很大区别的。由于日本是一个人多地少的国家,其农村地区还有许多村庄。因此,生态村的发展模式,并不是新建或扩建,而是对现有村庄进行生态化的改造,将其建成生态村。Takeuchi等(1998)提出,日本建立生态村的目的之一是改善乡村环境,其理想的生态村模型的设计的目标是:健康的自然环境,低输入和可持续的物质循环,通过城市和乡村的互动而达到乡村的持续发展。

Takeuchi等(1998)将生态村的典型模式,根据城市和乡村的关系密切程度分为三种不同的类型:城市边缘型、典型乡村型、偏远山区型。

从国外实践来看,生态村创建重视乡村景观建设、美学价值及绿色生态建筑,强调覆盖空间异质性以及建筑物的太阳能利用、节能、节水、绿化及材料绿色化,但很少涉及农业生产活动。欧美生态村的发展模式是以新建和扩建为主,与我们国家差别较大;日本生态村的发展模式是以改造为主,与我国国情较为相符。

（2）国内低碳生态村规划建设实践

我国的生态村建设始于 2000 年初,由于我国农村多数以农业生产为主,生态村是伴随着生态农业建设而逐步发展起来的,是对现有村庄进行生态化的改造而成的。这些生态村的建设大多从改善农村生态环境入手,重点集中在环境美化和村庄整治方面。其中,浙江省自 2003 年起开展的"千村示范、万村整治"工程建设,对全省 1151 个示范村、8516 个整治村进行了规划编制。

2012 年 11 月,党的十八大报告首次提出了"把生态文明建设放在突出地位,融入经济建设、政治建设、文化建设、社会建设各方面和全过程",明确了努力建设"美丽中国"的任务和目标。美丽中国的建设重点和难点在于农村。2013 年,中央1 号文件提出要推进农村生态文明建设,努力建设美丽乡村。2013 年 7 月,财政部发布了《关于发挥一事一议财政奖补作用,推动美丽乡村建设试点的通知》(财农改〔2013〕3 号),决定将美丽乡村建设作为一事一议财政奖补工作的主攻方向,启动美丽乡村建设试点。全国各地全面拉开美丽乡村的建设,乡村建设也从原来的基础设施建设向生态文明建设转化(表 1-5)。

表 1-5　国内低碳生态村规划建设实践

乡村区域	文献来源	重点建设内容
深圳市龙岗区碧岭示范生态村	梁广文,2000	基地农田水利的生态化改造 生物多样性的培植、保护与利用 生态农业生产示范 可再生资源的循环利用和自然富余资源的开发利用 环境监测设施及其功能建设 生态科研、教育及生态旅游设施及其功能建设
常熟市蒋巷村	薛鹏丽等,2006	居住区绿化工程 水景观的恢复建设 社区文化建设
北海市合浦县廉州镇马江村	宁宴庄,2011	实施"一池五改"工程 开展绿化美化工程 大力发展循环型农业,提高综合生产能力 倡导树文明新风,构建和谐新农村
磐安县安文镇石头村	董魏魏等,2012	生态高效农业、农产品旅游产品加工、农家特色旅游 低碳空间布局 网络化绿色交通体系 碳氧平衡指导绿地景观系统 能源供给、水环境处理、生活垃圾处理 住宅参考绿色建筑标准,提倡建筑节能

续表

乡村区域	文献来源	重点建设内容
广州南沙村庄	张万胜等，2014	乡村自节能 乡村资源循环再利用 乡村新型材料利用 乡村洁净能源利用
湖州市安吉县景坞村	王竹等，2015	保护乡村"有机秩序" 景观节点设置 公共服务设施植入 入村干道沿途界面梳理 农房改造示范
太湖地区乡村	王锦旗等，2016	以都市农业为龙头，工业实现农业产业链延伸，旅游服务业带动城乡融合 土地集约使用保护伊河生态用地 机动车及慢行交通结合 生态单元和生态环保技术

虽然经过了这些年的发展，乡村的规划建设实践已经有了长足的发展和进步，但是还是存在着一些问题。

1）规划建设实践的方向性有所偏差。乡村建设中重视基础设施和生态绿化的提高，但是对乡村减碳发展的规划建设非常薄弱。忽视对目前乡村日益增长的产业、交通和建筑碳排放的减碳规划建设，缺少乡村建筑节能减排的适宜性技术。与城市中如火如荼的节能绿色建筑实践、低碳城市和社区规划案例相比，乡村规划和建筑的低碳化实践案例很少，基本处于空白状态。

2）规划建设实践缺乏系统性。从不同乡村的重点规划建设内容上看，由于对低碳生态乡村的核心影响因素缺乏系统认知，各地的规划建设内容五花八门，无所不包，从居住区绿化到生物多样性的保护，从景观节点设置到沿途界面梳理，从生态农业生产到土地集约利用等等，缺乏系统性的清晰的乡村低碳生态规划建设脉络，难以对今后的低碳生态乡村建设实践进行明晰的指导。

3）规划建设实践缺少类型化提炼。现有的规划建设实践大多从某一个乡村出发，针对该村特定的原始条件，展开特殊的有针对性的规划建设实践。虽然不同乡村在产业、地貌等方面各有差异，但是很多乡村之间都有共性，由于现有的规划实践缺少对共性乡村的低碳生态核心影响因素的认知，因此乡村建设实践措施缺乏类型化提炼，不利于同一类型乡村的低碳生态实践措施的推广。

1.3　碳排放核算

1.3.1　相关概念的界定

(1) 温室效应与温室气体

温室效应是指大气层使地球变暖的效应。地球表面的大气由于地域对地表的长波辐射吸收力较强,所以大气层如同覆盖玻璃的温室一样,可以透过太阳短波辐射,吸收热能,并阻挡地球表面向宇宙空间的长波辐射,让更多红外线辐射被折返到地面上,这就是温室效应(蔡博峰等,2010)。

能产生温室效应的大气成分称为温室气体。《京都议定书》的附件 A 给出人类排放的 6 种主要的温室气体:二氧化碳 CO_2、甲烷 CH_4、氧化亚氮 N_2O、氢氟碳化物 HFCs、全氟化碳 PFCs 和六氟化硫 SF_6,见表 1-6。

表 1-6　人类排放温室气体的特征(蔡博峰等,2010)

种类	增温效应/%	生命周期/年	种类	增温效应/%	生命周期/年
CO_2	77	50~200	HFCs		13.3
CH_4	14	12~17	PFCs	1*	50000
N_2O	8	90~150	SF_6		不详

注:* HFCs、PFCs 等氟类气体共同的增温效应为1%。

排放温室气体产生温室效应导致全球气温上升,从表 1-6 中可以发现:在 6 种温室气体中,二氧化碳 CO_2 的增温贡献率最高,占 77% 左右。所以,从温室气体的构成来看,CO_2 是目前最重要的人为温室气体。温室效应评价通常使用 CO_2 作为主要参考气体,将其简化为按等效 CO_2 质量(CO_2 当量)来衡量(Parraviciniak et al.,2016)。

(2) 碳源和碳汇

按照《联合国气候变化框架公约》的定义,"源"指温室气体的排放源,"汇"是指从大气中清除温室气体、气溶胶或温室气体前体的活动或过程。从定义上看,源和汇是相对立的。源是生产,是排放;汇则是清除,是吸收。源,可分为自然源和人为源。自然源,如天然物质燃烧;人为源,如工业过程、家养牲畜、饲养场等。汇亦可分为自然汇和人为汇。自然汇,如大气氧化、土壤吸收等;人为汇,如减少森林大火,伐木和病虫害,农牧业措施,保护性耕作,在退化土地上重新种植等(李金华,2000)。在温室气体核算中,源和汇的活动量是重要的基础数据和内容。

根据源和汇的定义,可以延伸出两个新概念:碳源量和碳汇量。碳源量是一定时期内全社会各温室气体排放源所累积排放的温室气体总量;碳汇量则是一定时期内人类通过活动清除的各温室气体量与自然界自动吸收的温室气体量之和。自然界中的自动吸收包括平流层的光化学作用、土壤吸收、草地森林吸收、大气中的累积等。碳源量和碳汇量是温室气体分析的基本指标(赵倩,2011)。

(3) 碳排放

碳排放是指在一定时间内特定区域的生态系统的生物碳吸收输入与碳排放输出的收支状况。碳输出就是碳源量;碳吸收就是碳汇量,即是负的碳排放。碳吸收量大于碳输出量时,陆地生态系统表现为大气的负碳排,相反则表现为大气的正碳排(于贵瑞,2013)。

1.3.2 碳排放核算边界

2010 年 3 月 23 日,在里约热内卢举行的第五届世界城市论坛上,联合国环境规划署(UNEP)、联合国人居署(UN-HABITAT)及世界银行联合发布了《城市温室气体排放测算国际标准(草)》,该标准对城市温室气体排放测算尺度进行了详细划分,将城市温室气体排放过程具体分为三个尺度(表 1-7)。

表 1-7　城市温室气体排放的三个尺度

边界尺度	排放过程
1	发生在清单地理边界内的所有温室气体直接排放过程
2	由于电力、供热的购买和外调发生的间接排放过程
3	未被 Scope 2 包括的其他由城市活动引起的发生在清单地理边界外的间接排放和隐含排放过程,包括电力传输损失、固体废弃物处理、废弃物焚烧、废水处理、航空、水运,以及城市从外部购买燃料、建材、食物、水等过程

标准规定尺度 2 和尺度 3 中的温室气体排放过程涉及城市消费的主要材料、能源、产品等多个领域,活动水平数据不易获得,核算难度较大;但城市温室气体清单对这部分的计算至少应包括城市发电和区域供暖产生的边界外排放(包括传输损失)、航空和水运产生的碳排放以及城市产生的废弃物在边界外处理引起的碳排放。城市消费的燃料、建材、食物、水等物质中隐含的碳排放核算难度较大,应根据情况核算并以附加信息形式公布,不需包含在城市总排放量当中。城市由于输出电力、热力以及输入废弃物产生的排放应该从总排放量之中扣除。

1.3.3 碳排放核算方法

(1) 排放系数法(ECM)

在认识到潜在的全球气候变化问题后,世界气象组织(WMO)和联合国环境规划署(UNEP)在 1988 年共同建立了联合国政府间气候变化专门委员会

(IPCC)。IPCC 的一项活动是，通过其在国家温室气体清单方法方面的工作，为《联合国气候变化框架公约》提供支持。2006 年 IPCC 编写了《国家温室气体排放清单指南》。根据指南概述介绍，其提供的一些方法可用于估算国家温室气体人为源排放和汇清除清单。其类别分为能源，工业过程和产品使用，农业、林业和其他土地利用，废弃物等(图 1-4)(IPCC，2006)。

IPCC 指南中计算温室气体排放量的基本方法为：

$$E = AD \times EF \tag{1-1}$$

式中：E——温室气体排放量；

　　AD——活动水平，即有关人类活动发生程度的信息；

　　EF——排放因子，即量化单位活动排放量或清除量的系数。

(2) 实测法

实测法是通过采集排放气体，并测量其流速、流量、浓度等从而计算气体的排放总量。通常实测法的基础数据主要来源于环境监测站，因此具有较高的精度，但是采集样品要求有代表性，否则测量结果也毫无意义(郝千婷等，2011)。为此，常常测定时不止测定一次样品取值，而是测定多次，并且采用实测法计算的数据仍需与其他方法所得数据进行对照验证，如偏差较大则需核实、调整。此方法需要人力物力较多，费用较大。实测法公式为：

$$G = KQC \tag{1-2}$$

式中：G——某气体排放量；

　　Q——介质(空气)流量；

　　C——介质中某气体浓度；

　　K——公式中单位换算系数。

目前采用实测法对碳排放进行核算的实例较少，多数为对锅炉燃烧过程中废气污染物的核算(郝千婷等，2011)。

(3) 投入产出法(IOM)

投入产出分析是由瓦西里·里昂惕夫于 20 世纪 30 年代研究并创立的一种反映经济系统各部分之间投入与产出数量依存关系的分析方法。它是一种有效的、从宏观尺度评价嵌入商品和服务中的资源或污染量的工具(朱丽娜，2010)。

投入产出法是对生产过程中所使用的物料情况进行定量分析，其基本原理就是质量守恒定律，即投入某系统或设备的物料质量必然等于该系统产出物质的质量。它是把工业排放源的排放量、生产工艺和管理、资源(原材料、水源、能源)的综合利用及环境治理结合起来，系统、全面地研究生产过程中排放物的产生、排放的一种科学有效的计算方法。投入产出法是一种理论估算方法，特别适用于无法实测的污染源的估算。此方法需要人力、物力较少，费用较小。但是采用此方法计算

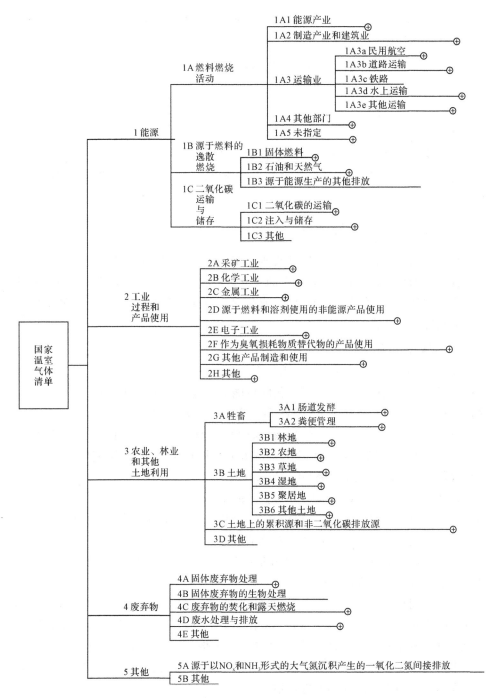

图 1-4 源排放与汇清除的主要类别

资料来源:政府间气候变化专门委员会、IPCC 国家温室气体清单指南[R],2006.

时,必须详细掌握企业的生产工艺、污染治理、管理水平等情况(郝阡婷等,2011)。

投入产出法公式为:

$$\sum G_{投入} = \sum G_{产品} + \sum G_{流失} \tag{1-3}$$

式中:$G_{投入}$——投入物料总和;

　　$G_{产品}$——所得产品量总和;

　　$G_{流失}$——物料和产品流失量总和。

在讨论碳源排碳量的测算办法中有学者指出投入产出法适用于整个生产过程的总物料衡算,也适用于生产过程中某一局部生产过程的物料衡算(张德英、张丽霞,2005)。

1.3.4　碳排放核算案例

目前国内外综合性的区域碳排放研究案例主要采用排放系数法进行计算,根据研究区域的尺度差异,我们对现有的文献进行检索,发现碳排放核算研究主要针对国家和省域、城市等较宏观的尺度,或是建筑单体等微观尺度,针对村域范围的碳排放核算研究非常少。

(1)国家和省域尺度

IPCC 的主要任务是对气候变化科学知识的现状,气候变化对社会、经济的潜在影响以及如何适应和减缓气候变化的可能对策进行评估。为了使各国的温室气体清单估算结果具有可比性、透明性和一致性,2019 年,IPCC 第四十九次会议通过了《IPCC2006 年国家温室气体指南(2019 修订版)》,其中包括能源、工业过程及产品、农业、林业及其土地利用、废弃物等五大类排放源的指南,为各国的清单编制工作提供了基本的方法学体系(IPCC,2019)。

国际能源署(International Energy Agency,IEA)是一个在 1973—1974 年石油危机期间成立的政府间组织,担任其 29 个成员国的能源政策顾问,并与成员国一起协力为其国民提供可靠及经济的清洁能源。国际能源署从 1997 年开始,每年都会出版成员国能源燃烧的 CO_2 排放量的年度报告,最新的《2019 能源燃烧 CO_2 排放》也已经出版(IEA,2019)。

美国橡树岭国家实验室 CO_2 信息分析中心(Carbon Dioxide Information Analysis Center,CDIAC)(2015)给出了 1750—2014 年全球及各国家化石燃料(包括固体、液体和气体燃料、水泥生产和废气燃烧)导致的碳排放量数据。

中国国家发展和改革委员会能源研究所于 2007 年开始发布《中国温室气体清单研究》,对中国历年的碳排放进行估算。

除了国际组织和政府部门以外,国内外学者针对国家和区域尺度的碳排放强度、变化趋势和驱动因素等方面也展开了大量的研究。

张志强等(2011)对美国、英国、法国、德国、日本、意大利、加拿大等7个主要工业化发达国家,以及中国、印度、巴西、墨西哥和南非等5个新兴经济体国家的碳排放强度(单位GDP的CO_2排放量)变化趋势、人均GDP与单位GDP碳排放强度关系、产业结构与单位GDP碳排放强度关系进行了比较分析。

马彩虹等(2013)采用IPCC法计算了中国、印度、美国、德国2001—2009年的化石能源碳排放额度。研究表明:研究时段内中国和印度能源消费碳排放总量大幅增长,美国趋于稳定,德国下降趋势明显;同时中、印、美、德四国中,德国化石能源消费结构最优,美国次之,印度第三,中国最差,主要表现为煤炭消费比重大,天然气比重低。

王长波等(2012)对1979—2007年中国农村的能源消费的碳排放进行了核算,发现中国农村能源消费的CO_2排放已从1979年的8.89亿吨增至2007年的28.74亿吨,呈现快速增长的趋势。

(2) 城市尺度

欧洲学者早在20世纪就开始了城市温室气体核算研究工作,比较典型的是英国中部的莱斯特市(Leicester City)。莱斯特市碳排放清单的内容包括市政府的温室气体排放和城市社会整体排放两部分,其中市政府直接管理和控制的运营需求所产生的排放包括市政府物业建筑、市政府员工上下班出行、市政府车辆出行使用、员工出差四类;社会整体主要排放源头包括住宅建筑耗能、非住宅建筑(商业及工业)耗能、交通三类(Council L C,1994)(叶祖达,2011)。西班牙学者Baldasano等(1999)在1999年左右对1987—1996年的巴塞罗那温室气体排放情况进行的估算,研究分析了排放特点,并与其他城市进行了比较,提出了巴塞罗那的城市减排策略。

2000年以后北美地区也开始关注温室气体排放的研究。Timhillman等(2010)用混合需求为中心的方法对美国8个城市的温室气体排放和能耗进行核算,考虑了跨界行为对温室气体排放的影响,并对计算结果进行了比较分析。Jonathan Dickinson对纽约市2005—2010年的碳足迹进行了计算分析,数据结果显示,从排放源头来看,89.08%排放由能源使用产生,只有10.92%由其他非能源的使用产生(Horrnweg, et al.,2011)。加拿大温哥华市于2009年发表了2008年该市的温室气体排放清单,2008年排放清单编制方法主要按ICLEI最新的建议框架,包括市政府运营及社会整体两部分(叶祖达,2011)。

中国城市碳排放的研究始于2009年,Shobhakar Dhakal(2009)对北京、上海、天津、重庆4个直辖市2006年的能源消耗碳排放进行了核算,发现这4个城市的碳排放差异较大,上海排放量最高(16.7 tCO_2/人),重庆排放量最低(3.3 tCO_2/人)。2012年,Sugar等参考IPCC清单体系,对北京、上海、天津3个城市2006年的碳排放按照能源消耗、工业生产过程、交通、废弃物处理进行了核算,北京、上海、天津的人均碳排放量分别为10.7 tCO_2/人、12.8 tCO_2/人、11.9 tCO_2/人。2009年11

月,国务院提出我国 2020 年控制温室气体排放行动目标后,2010 年国家发展改革委公布了关于开展低碳省区和低碳城市试点工作的通知(发改气候〔2010〕1587号),国内学者也开始了低碳城市研究。朱丽娜(2010)的学位论文从"碳源"定义出发将碳排放源分为三类:能源类、工业类(主要是工业生产工艺过程中的碳排放)和农林业。结合成都市工农业发展等情况,搜集成都市能源消费量,水泥、钢材、玻璃和合成氨产量,农田占地面积等数据,从三方面计算了成都市碳排放量。结果表明成都市碳排放主要来自能源类碳源和工业类碳源中的水泥、钢材、合成氨生产。孙钰等(2012)估算了天津市 2000—2009 年的碳排放量,发现天津市这些年能源消费量和碳排放量均呈现出持续上涨的趋势;从产业结构来看,第二产业所产生的碳排放是天津市碳排放的主体,而一次能源中,煤炭所形成的碳排放占据了首位;研究采用了 Kaya 恒等式对天津市未来的碳排放量进行了估测,认为按低碳模式发展,天津市将在 2020—2035 年达到碳排放的高峰。李芬等(2013)建立了深圳碳排放清单框架,包括能源活动(能源加工转换、工业、交通运输、建筑、居民生活)、工业活动、农牧业、土地利用变化与林业、废弃物处置 5 个部分,计算了 2010 年深圳市的碳排放量,分析了深圳市的碳排放空间布局。

也有一些学者对大样本城市碳排放量进行了计算,比较了不同城市的碳排放水平。例如,通过运用 Theil 指数,测度我国地级以上城市 GDP 值前 110 位城市碳排放的区域差异,东部城市人均碳排放平均值为 10.1174 t/人,中部城市人均碳排放平均值为 10.6181 t/人,西部城市平均值 12.2492 t/人。研究认为中国城市碳排放的空间分异较为明显,西部城市的碳排放水平整体上落后于东、中部城市;同时,常住人口数、能源强度、人均 GDP 值是影响样本城市整体碳排放量的主导因素,产业结构多元化演进水平对碳排放增长的缓解作用不甚明显(张旺等,2013)。宋祺佼以发改委两批低碳试点城市为研究对象,基于其 2005—2011 年的单位GDP 的 CO_2 排放和人均 CO_2 排放数据总结其碳排放水平,从区域分布、经济水平和人口规模 3 个方面分析了全国范围内低碳试点城市的碳排放现状,并推测了低碳试点城市 2015 年的碳排放水平。研究显示,低碳试点城市单位 GDP 的 CO_2 排放平均水平从东部到西部逐渐升高。人均收入高于全国平均水平的低碳试点城市中92% 的城市的人均 CO_2 排放高于全国水平。而随着城市常住人口规模的扩大,试点城市单位 GDP 的 CO_2 平均水平排放逐渐降低,人均 CO_2 排放却随着城市常住人口规模的扩大呈 U 形分布,其中大型城市的人均 CO_2 排放水平最低(宋祺佼等,2015)。

表 1-8 为笔者检索的 2009—2016 年国内外杂志和学位论文发表的关于中国城市碳排放核算研究的清单,发现中国城市碳排放研究对象以大型城市为主,特别是北京、上海、天津等特大城市,13 篇论文中有 9 篇涉及上述 3 个城市,而针对小型城市的研究较少,仅有 2 篇大样本城市碳排放研究中(Mi,2016;宋祺佼,2015)涉及衡水、金昌等小型城市。

表 1-8　国内城市碳排放核算研究清单

文献来源	核算城市	核算边界	核算内容	核算方法	核算结果	
					人均碳排放量/$(tCO_2/人)$	年份
Mi 等,2016	北京、上海、天津、宁波等 13 个城市	Scope1+Scope2+Scope3	本地消费碳排放(住户、政府、固定资本积累、库存变化)和输入碳排放	投入产出法+排放系数法	2.6(衡水)—14.4(上海)	2007
Dhakal, 2009	北京、上海、天津、重庆	Scope1	能源(电力、石油、煤炭、天然气、液化石油气等)	排放系数法	16.7(上海) 12.4(天津) 11.9(北京) 3.3(重庆)	2006
Sugar 等,2012	北京、上海、天津	Scope1+Scope2	能源,工业生产过程,交通,废弃物处理	排放系数法	12.8(上海) 11.9(天津) 10.7(北京)	2006
Cai 等,2014	天津	Scope1+Scope2	能源(包括引入的电力)	排放系数法	11.3(天津城区) 4.47(天津地区)	2007
Chun 等,2011	天津	Scope1	能源(电力、石油、煤炭、天然气、液化石油气等)	排放系数法	3570.81×10^4 t	2007
Meng,2016	厦门	Scope3	输入的城市碳排放(能源、水、水泥、钢、食物)	投入产出法+全生命周期法	5.24	2009
李芬等,2013	深圳	Scope1+Scope2	能源,工业生产过程,交通,废弃物处理	排放系数法	113304000t	2011
朱丽娜等,2010	成都	Scope1	能源,工业生产过程,农林业	排放系数法	811.08×10^4 t (1999) 1529.85×10^4 t (2008)	1999—2008
娄伟,2011	北京	Scope1+Scope2	能源,工业生产过程,交通,废弃物处理	排放系数法	7.25	2008
王海鲲等,2011	无锡	Scope1+Scope2	能源消费单元(工业单元、交通单元、商业单元、居民生活单元)和非能源消费单元(工业过程单元、废物单元)	排放系数法	11.09(2004) 14.26(2008)	2004—2008

续表

文献来源	核算城市	核算边界	核算内容	核算方法	核算结果	
					人均碳排放量/（tCO$_2$/人）	年份
孙钰等,2012	天津	Scope1	能源碳排放（电力、石油、煤炭、天然气、液化石油气等）	排放系数法	1.2亿t	2005
张旺等,2013	我国 GDP 值前 110 强地级以上城市	Scope1	能源碳排放（石油、煤炭、天然气）	排放系数法	10.1174（东部） 10.6181（中部） 12.2492（西部）	2005
宋祺佼等,2015	36 个发改委试点城市	Scope1+Scope2	能源消耗,工业生产过程,交通,废弃物处理	排放系数法	13.34（东部） 11.43（中部） 12.02（西部） 23.12（小型） 17.18（中等） 10.21（大型） 11.89（特大） 13.04（巨大）	2011

核算内容上,由于城市尺度的消费数据较难获取,基于生产的自上而下的碳排放核算是城市碳排放核算的主流。13 篇论文中仅有 1 篇是基于消费的自下而上碳排放核算(Mi et al.，2016);其余 12 篇都是基于生产的自上而下的碳排放核算,其中 5 篇主要核算能源消费的碳排放量,5 篇参考 IPCC 国家温室气体清单从能源消耗,工业生产过程、交通、废弃物处理等方面核算碳排放量。另外,13 篇论文中仅有 1 篇将农林业的碳吸收即负碳排计入核算内容。

核算边界方面,因为范围 3 中的温室气体排放过程涉及城市消费的主要材料、能源、水、食物等多个领域,活动水平数据不易获得,因此仅有 2 篇论文的核算边界涵盖范围 3(Mi et al.，2016)(Meng et al.，2017),其他的研究都仅计算了范围 1 和范围 2 边界内的碳排放量。

在核算方法的选择上,排放系数法是最普遍使用的碳排放核算方法,13 篇论文中 12 篇采用了该方法,或用该方法和其他方法结合进行核算。

在核算结果的比较上,由于不同研究的核算边界、核算内容、核算年份等均存在差异,所以不同研究的单一城市碳排放核算结果很难进行准确的比较。同一研究中大样本量城市的碳排放量更有横向比较的参考价值。

（3）建筑尺度

建筑尺度的碳排放研究已经相当成熟,全生命周期的碳排放计算方法是其中主流的研究方法,许多国家和地区已经建立了适合本国的建筑碳排放环境影响评估模型,并在设计前期和后期评估过程中广泛应用。

日本的 AIJ-LCA 是基于日本 1995 年的产业关联表,运用投入产出法开发而成的一款建筑环境影响量化的评价软件,该软件包括完整的建筑生命周期:从设计阶段的人员消耗,到建材生产、建筑施工、运营使用、更新维护、废弃回收。该软件对包括地球温暖化、臭氧层破坏、健康障碍、酸性雨、能源资源枯竭等环境影响进行综合评价(金樨等,2016)。

BEES(Building for Environmental and Economic Sustainability)是由美国标准和技术研究院开发的一种建筑材料环境性能和经济性能综合评价软件,采用全生命周期分析法(Life Cycle Assessment,LCA)和全生命周期费用法(Life Cycle Cost,LCC)分别对建筑材料的环境性能和经济性能进行评价,并将两者集合成一个总的性能系数。BEES有着详细的数据库,包含 230 种产品的环境及经济负荷数据,将建筑部件分为 4 个等级:主要组件(结构、外层、室内构件),组件(基础、屋顶、内装饰等),个体材料(各种等级的板材、屋顶覆盖材料、地板装饰层等),二次建材(孙冰等,2018)。

ENVEST 是英国第一个在早期设计阶段对建筑物全生命周期的环境影响进行评估的软件。采用一种被称为“生态点”的单位来衡量建筑物对环境的影响,这就使得设计者可以对不同的设计和方案进行直接的比较。ENVEST 中建筑生命周期包括 6 个阶段:原材料开采、建筑部件生产、运输施工、使用(修缮、维护、建替)、废弃、回收利用。使用阶段包括设备的能耗和资耗。它建立了一个庞大的数据库,提供了各种建筑元素(如墙、梁、地毯等)的环境影响数据。通过 ENVEST,设计者可以对建筑物的环境影响进行优化并能得到最优状况下使用的主要建筑材料及其数量(孙冰等,2018)。

我国对建筑碳排放也越来越重视,《绿色建筑评价标准》(GB/T 50378—2014)中添加了建筑碳排放内容的,该规范中规定,若试评项目进行了建筑碳排放计算分析,采取了措施降低单位建筑面积碳排放强度,则可以在加分项中加上相应的分数。

1.3.5 乡村碳排放研究

通过“carbon emission（碳排放）＋village(乡村)”“carbon emission（碳排放）＋rural area(农村地区)”“footprint（碳足迹）＋village(乡村)”“footprint（碳足迹）＋rural area(农村地区)”“low carbon（低碳）＋village(乡村)”“low carbon（低碳）＋rural area(农村地区)”等关键词对 Science Direct、EBSCO、Springer Link、中国知识资源总库(CNKI)、万方等数据库进行检索,收集统计相关研究文献,梳理研究内容,发现乡村碳排放核算研究的相关内容并不多,而且主要集中在农业生产和住户能源消费单一方面,全面而系统的乡村碳排放核算研究很少。

(1) 乡村农业产业碳排放研究

农业排放大量的 CH_4、N_2O、CO_2,排放全球 $60\%\sim80\%$ 的 N_2O,主要来自农

田的直接和间接排放(间接排放指化肥生产和运输)、田间焚烧、放牧、动物粪便(O'Hara et al.，2003);排放全球 50%～70% 的 CH_4，主要来自反刍牲畜肠道发酵、水稻种植、动物粪便;排放全球 1% 的 CO_2，主要来自农机、化肥和其他化学投入品的生产和使用(Smith et al.，2007)。

Smith 等(2007)总结了造成农业源温室气体排放增加的原因主要包括人口压力、饮食结构变化(畜产品消费增加)、技术变革(化肥使用激增、灌溉用水增加、集约化养殖)。造成农业源温室气体排放减少的原因主要包括农业土地生产力提高、采用保护性耕作技术、环境及非环境政策的推行。Smith 等(2008)在 2008 年的文献中集合了各国农业源温室气体减排研究方面最著名的几位学者和研究团队的研究成果(含以中国科学院南京土壤研究所蔡祖聪为首的农业源温室气体研究团队),得到了农业源温室气体大类小类减排措施,包括通过耕地管理(含旱地和水田)减排 CH_4、N_2O、CO_2，通过畜牧业(含喂养实践和粪便管理)减排 CH_4、N_2O，发挥农业碳汇潜力(含牧场草场管理和退化耕地土壤有机质管理)以及发展生物质能源(含能源作物和固体液体粪便及其他农林废弃物),并根据各国农业生产系统实地和长期田间实验和监测,对各项措施减排潜力进行了详细评价,成为农业源温室气体减排技术路径选择方面重要的基础性文献。

(2) 乡村住户生活用能碳排放研究

中国的乡村生活用能消费所导致的碳排放呈现出显著的增加趋势,秸秆和薪柴等传统的生物质能所占的比例虽然已经有所下降,但依然是乡村居民生活用能的第一大碳排放量能源,仅次于它的是商品性能源的使用(陈艳,2012)。陈冲影等(2012)分析了 2001—2008 年中国农村生活用能的变化,以及 2001—2010 年中国农村生活用能对气候变化的影响。研究发现,农村生活用能消费所导致的碳排放由 152.2 百万吨上升至 366.89 百万吨,且人均 CO_2 排放的增长速度是同期城镇人口的 1.87 倍。传统生物质能源的消费比例从 81.5% 下降至 70.9%，而商品能源则从 17.1% 上升至 25.1%。其他发展中国家的乡村居民能源消费也是以传统的生物质能为主。Edwin Adkins 等(2012)对撒哈拉以南的非洲的 10 个村落近3000 户住户的能源使用进行了调研,结果显示调研乡村的住户在生活中主要碳排放源是生物质能和其他传统燃料。DaneshMiah 等(2010)对孟加拉国 Bangladesh地区 12 个乡村 120 户居民的用能模式进行了调查,同样发现生物质能是第一大排放源,同时,家庭收入与能源使用有密切的关系,随着家庭收入的提高,能源的使用从传统的生物燃烧向降低温室气体排放的高效率的能源转移。

一些学者发现,居民的生活模式对生活碳排放有着举足轻重的影响。大约26% 的能源消耗和 30% 的碳排放都是由居民的生活模式决定的。农村居民能耗直接影响是间接影响的 1.86 倍,家庭能源使用、食物、教育和个人的交通是能耗和碳排放密集型活动(祁巍峰等,2016)。Wenling Liu 等(2013)对中国北部 4 个乡村的 165 户居民进行了调研,分析了不同的行为模式对应的能源使用类型和碳排放量,发现冬季供暖是当地农村最大的碳排放源。研究者认为应从需求和供应两个角度降低碳排放。从需求角度出发,可以通过冬季供暖时采用高效的技术和清洁的能源来降低碳排放量;从供应角度出发,提高当地的能源供应商对可再生能源和清洁能源的供应量,也会直接影响居民生活的碳排放。

(3) 乡村碳排放核算研究

经过文献检索,目前从乡村整体出发的系统性全方位的碳排放核算研究非常少,中文相关文献仅有 4 篇。

南京师范大学丁雨莲(2015)的博士论文主要针对旅游型乡村展开碳排放核算研究。论文基于碳中和视角,主要探讨乡村旅游地的净碳排放估算及碳补偿机制,并以传统乡村型旅游地皖南宏村和林果采摘型乡村旅游地合肥大圩为例进行了实证分析,寻找碳补偿的实现途径。该研究主要从社区碳排放、农业碳排放、旅游碳排放三部分核算乡村的碳排放量,同时对不同类型旅游地的碳源组分和估算清单进行了区分。

李王鸣(2015)教授课题组从乡村用地出发开展碳系统评测研究。将乡村碳汇用地分为林地、农业、草地、湿地、绿地等五类;将乡村碳源分为农业用地、工业用地、服务业用地、农居用地、交通用地、公共设施用地等六类。通过不同类型用地的面积,以及对应的碳源碳汇系数,可以计算得到不同用地类型的碳排放量和碳汇聚量,从而综合判断乡村的碳排放水平,提出乡村低碳化策略。该课题组以该方法分别评价了不同类型的乡村:山区型乡村(景坞村)的碳排放主要碳源为产业、生活、交通三部分;工业型乡村(凤凰村)中高碳排放工业用地为主的用地结构是导致凤凰村高碳源的最主要原因(祁巍峰等,2016)。

1.4 本章小结

本章对生态村、低碳经济、低碳乡村等概念进行了界定,查阅和分析了现有的低碳生态乡村评价体系的研究成果和政府出台的相关政策,以及国内外的低碳生态乡村规划建设情况,总结了现有的理论体系和规划实践存在的几个问题。

1)低碳生态乡村评价体系的研究处于起步阶段。低碳生态乡村理论研究和规划建设多集中在生态环境、基础设施、村容整治等方面,忽视了目前乡村日益增长的产业、交通和建筑碳排放,针对乡村低碳方向关注较少。

2)理论评价研究缺少差异性的体现。现有的低碳生态乡村研究多采用统一的评价指标,缺乏差异性体现,由于不同乡村在地形地貌、生态环境和产业类型等方面差别较大。这种唯一的指标体系很难对不同类型的乡村有相对公平的评价,不利于低碳评价体系在不同类型乡村中的推广。

3)规划建设实践缺少共性的提炼。现有的低碳生态乡村实践前期并未有系统的评价体系支撑,实践多针对特定的某个乡村展开,措施和政策适应某个乡村特点,因此难以有效地评价和指导不同类型乡村的发展建设。

4)评价体系缺乏定量数据支撑。现有的低碳生态乡村评价体系和规划策略,多数停留在主观评价和分析层次,缺乏对乡村低碳性的定量测算,评价指标和规划策略缺乏客观的量化的碳排放数据支撑。少数考虑碳排放测算的评价体系又只对碳排放水平进行测算,缺少对基础配套、精神文化、政府管理等生态可持续性方面的考量。

同时对碳排放的相关概念,碳排放核算的边界和常用方法,以及对国家、城市、建筑和乡村不同尺度的碳排放核算案例研究进行了分析,总结了一些现有研究的不足。

1)碳排放核算的尺度方面,以量化的方法去计算空间地域的温室气体排放研究工作主要集中在国家、省域或大型城市层面,或是建筑单体层面,针对乡镇、乡村等尺度的研究比较少。然而中国乡村的产业类型、用地布局、居民的生活模式和生活习惯与城市有很大的区别,乡村基层统计数据十分缺乏,所以国家和城市的碳排放核算内容、核算方式和数据收集方式并不适用于农村。

2)目前的温室气体排放分析研究,或仅核算能源碳排放,或参照IPCC清单的框架建构,采用五大类别进行分析和计算。前者忽略了很多碳排放的其他组成,后者无法明确地依托在任何一个地方政府法定管理体制上,分析结果的实际应用性较低,有关的数据难以有效地应用到具体政策制定工作中,应对气候变化政策难以达到有针对性、可操作性和可考核性。

3)现有的极个别的系统性乡村碳排放估算体系主要从用地类型角度出发,该方法有利于量化评测结果的可视化表达,可以清晰地展现不同用地类型的碳排放情况,但是由于只有不同用地类型的一级排放评测数据,缺乏对于每种用地类型细化的碳源碳汇因子的量化数据支撑,因此本书只能进行主观的相对较为宏观的影响因素分析评价,不利于进一步提出有针对性的详细的减碳规划政策。

2 乡村碳排放量核算模型

2.1 对象和范围

2.1.1 核算对象

产生温室效应的大气成分称为温室气体,其中,二氧化碳 CO_2 的增温贡献率最高,占 77% 左右。因此,本书以 CO_2 的排放和汇聚作为主要的研究对象。CO_2 的增长主要是电力、交通、建筑物取暖和制冷、生产水泥和其他产品使用化石燃料的结果。此外,土地利用变化也会释放或汇聚 CO_2(蔡博峰、杨姝影,2009)。

2.1.2 地理范围

本书中的乡村是指具有一定人口规模和用地规模的聚居空间,其中人口主要由农业人口构成,用地主要由农业用地和建设用地构成,是具有乡土田园气息的地域综合体(余兆森等,2009)。因为县城镇、建制镇及一般集镇已具有小城市的大多数基本特征,所以不在本书的讨论范围内。

2.1.3 核算边界

在排放源的归属问题上,本清单的核算边界包括三部分(图 2-1):

范围一:需求活动和排放源头均发生在清单地理边界内的所有温室气体直接排放过程;

范围二:需求活动发生在地理边界内,排放源头位置发生在地理边界外的温室气体间接排放过程;

范围三:需求活动和排放源头均发生在清单地理边界外的温室气体相关排放过程。

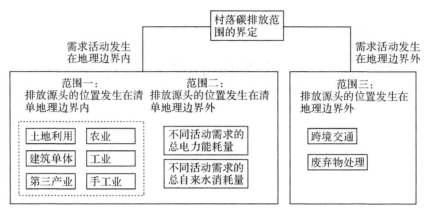

图 2-1 碳排放边界的界定

2.2 清单构建原则

2.2.1 排放源选择体现乡村特点

国家和城市尺度的碳活动涵盖范围和类型是远大于乡村的。因此在排放源选择方面,研究首先在 IPCC 国家碳排放清单中,按照长三角地区乡村碳活动范围和类型筛选合适的碳源和碳汇。

国家尺度的碳排放清单涵盖的排放活动类型非常全面,但是作为乡村尺度的研究分类不够细致。某些与乡村密切相关的排放活动,例如农业生产,国家清单仅仅停留在用地类型层面,对农业生产的过程中农用物资的使用、农用机械的能源消耗等行为的排放无法分别进行计量。同时在建筑能源的考量中,国家尺度的碳排放清单对于乡村中常常使用的地域性的生物质能并没有考虑,例如薪柴燃烧、沼气等。因此本书对这一类能源的排放活动进行了补充。

2.2.2 清单框架与政府管理部门对接

编制温室气体排放清单的目的是要订立具体减排目标,了解不同排放源头和清除手段,把目标分解为有操作性的政策手段。IPCC 国家温室气体清单的编制框架采用能源、工业生产过程、土地利用方式、废弃物处理和其他,五大部门分部门计算的方式。由于五大部门分类和政府管理部门的分工不对应,碳排放源和汇的计算结果无法方便地应用于后期的管理中(图 2-2)。因此本书按照政府管理部门的分工方式,对乡村碳排放源和汇进行了重新梳理和归类,使乡村碳排放清单框架分类与政府管理部门对接(图 2-3),有利于直接把相关的实施和监控责任分配到职能部门,同时排放指标和数据都可以清晰地支撑具体政策手段。

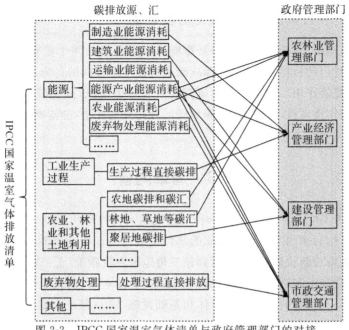

图 2-2　IPCC 国家温室气体清单与政府管理部门的对接

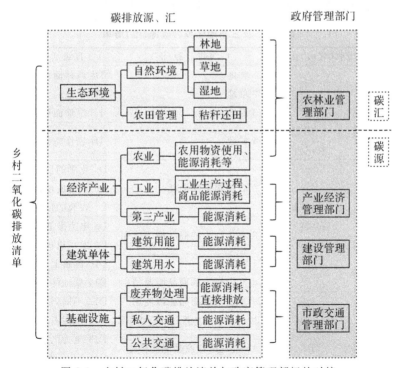

图 2-3　乡村二氧化碳排放清单与政府管理部门的对接

2.2.3　乡村排放源和吸收汇分类计量

碳源(碳输出)和碳汇(碳吸收)是影响人类碳环境的两个重要部分,增加碳汇减少碳源是我们的目标,同时增汇和减碳是两种不同方向的行为,对改善环境气候有着同样重要的作用。但是现有的研究大多只考虑碳源,或将碳源和碳汇混合计算,把碳汇记作负碳排。本书将碳源和碳汇分开分别计量,能清晰地对乡村碳源和碳汇二者不同特点进行评价。

2.3　清单内容

本书参考 IPCC 的排放源,结合长三角地区乡村的现状,选取合适的碳源和碳汇评价因子,然后按照当地的政府职能部门的管理分工方式和村庄规划的进程方法,将因子进行重新梳理和整合,得到长三角地区乡村碳源(汇)清单,见表 2-1。A级目标分别是碳汇和碳源;B 级排放(吸收)因子有 4 项,碳汇吸收因子是生态环境,碳排放因子有经济产业、建筑单体和基础设施 3 项;每个 B 级因子有1~4项碳源(汇),因此 C 级碳排放源(汇)共有 20 项。参考 IPCC 国家碳排放清单中活动水平的定义,结合其他文献得到各排放源(汇)的 D 级对应活动水平数据 27 项。

表 2-1　长三角地区乡村碳源(汇)清单

A级目标	B级排放(吸收)因子		C级排放源(汇)	D级活动水平数据
A1 碳汇	B1 生态环境	B1-1 自然环境	C1 林地	D1 森林面积
			C2 草地	D2 草地面积
			C3 湿地	D3 湿地面积
		B1-2 农田管理	C4 耕地	D4 农作物秸秆还田量
A2 碳源	B2 经济产业	B2-1 农(渔)业生产	C5 农用物资的消耗	D5 化肥的使用量
				D6 农药的使用量
				D7 农膜的使用量
			C6 农业行为的商品能源使用	D8 电力灌溉用电量
				D9 农用机械柴油使用量
			C7 农田翻耕	D10 翻耕面积
			C8 渔业行为的商品能源使用	D11 柴油使用量
		B2-2 工业生产	C9 工业生产商品能源使用	D12 不同类型工业产值
			C10 水泥石灰生产过程直接排放	D13 水泥石灰年产量
		B2-3 第三产业	C11 第三产业商品能源使用	D14 电力消费量
				D15 LPG 消费量
			C12 秸秆薪柴使用	D16 秸秆薪柴使用量

A级目标	B级排放(吸收)因子	C级排放源(汇)	D级活动水平数据
A2 碳源	B3 建筑单体	B3-1 建筑用能	C13 建筑商品能源的消耗	D17 电力消费量
				D18 LPG 消费量
				D19 煤炭消费量
			C14 秸秆薪柴的使用	D20 秸秆薪柴使用量
			C15 沼气等生物质能的使用	D21 沼气累计使用时间
		B3-2 建筑用水	C16 自来水的使用	D22 自来水使用量
	B4 基础设施	B4-1 道路交通	C17 私家车商品能源的使用	D23 汽油的使用量
				D24 柴油的使用量
			C18 公交车商品能源的使用	D25 柴油的使用量
		B4-2 废弃物处理	C19 垃圾处理	D26 垃圾产量
			C20 废水处理	D27 废水产量

2.3.1　生态环境的碳汇

土地利用和管理会影响多种生态系统过程,进而对温室气体流量产生影响,如光合作用、呼吸作用、分解作用、硝化/反硝化作用、肠道发酵和燃烧等。这些关于碳和氮转换的过程由微生物过程(微生物、植物和动物的活动)和物理过程(燃烧、淋溶和径流)引起。植物光合作用吸收 CO_2,呼吸作用、分解作用和有机物的燃烧释放 CO_2(IPCC,2006)。

农林等土地利用的温室气体流量可以用两种方式估算:①以碳库随时间的净变化表示(适用于多数 CO_2 流量);②直接以来自和进入大气层的气体流通率表示(用于估算非 CO_2 气体排放和部分 CO_2 排放、清除)。用碳库变化估算 CO_2 排放和清除基于以下事实,多数生态系统碳库变化是通过陆面和大气层间的 CO_2 交换实现的。因此,碳库总量随时间的增加量等于大气中 CO_2 的净清除量,而总碳库的减少量等于 CO_2 净排放量(IPCC,2006)。

(1) 林地

植物通过光合作用,利用太阳能将空气中的 CO_2 固定成碳水化合物,是碳输入森林生态系统中的主要管道。公园、园林绿化等在满足最小面积、树冠覆盖度、树木高度等条件后,都可以看作森林,从而具有碳汇的功能。

森林的碳汇研究起步较早,已有较为成熟和全面的计算方法和数据研究。

IPCC 指南及《京都议定书的补充方法和良好做法指南 2013 年修订版》(Supplementany 2013 Revised Methods and Good Practice Guidance Arising from the Kyoto Protocol)都对森林的定义提出了较为明确的要求,共有 4 点:①达到或

高于国家确定的最小森林面积,国家确定的最小森林面积可以在 0.05～1.0hm² 范围内;②植被冠层覆盖度达到或高于国家最低要求,国家确定的最低植被冠层覆盖度可以在 10%～30% 范围内;③林木成熟后预期树高达 2～5m;④森林面积满足一定的线性形状要求,即针对一些带状或者线状的林地,其宽度不能低于某一限制(例如 20m)。

(2) 湿地

湿地影响着重要温室气体 CO_2 和 CH_4 的全球平衡:一方面,湿地是 CO_2 的汇,即通过湿地植物的光合作用吸收大气中的 CO_2 将其转化为有机质,植物死亡后的残体经腐殖化作用和泥炭化作用形成腐殖质和泥炭,储存在湿地土壤中;另一方面,湿地也是温室气体的源,土壤中的有机质经微生物矿化分解产生的 CO_2 和在厌氧环境下经微生物作用产生的 CH_4,都被直接释放到大气中(刘子刚,2001)(PLCEKA T,2007)。

湿地是温室气体的源还是汇主要取决于 CO_2 的净汇与 CH_4 释放之间的平衡。尽管 CH_4 的温室效应大约是 CO_2 的 21 倍,通过研究表明,多数湿地的 CO_2 固定量都远高于 CH_4 的释放量,有机质被大量储存在土壤中,湿地植物净同化的碳仅仅有 15% 被释放到大气,因此多数天然湿地都是 CO_2 的净汇,表现为负性温室效应,是平衡大气中含碳温室气体的贡献者(于贵瑞,2003)(BRIDGRS E M,1978)。

湿地是长三角地区农村常见的土地类型,因此本书将其作为重要的碳汇要素计入乡村碳排放清单的计算中。

湿地包括泥炭采掘地区和全年或部分时间被水覆盖或充满水的土地(如泥炭地),但不属于林地、农田、草地或聚居地类别。它包括作为管理子类的水库和作为未管理子类的天然河流和湖泊(IPCC,2006)。

(3) 草地

草地作为陆地生态系统的重要组成部分,在维持陆地生态平衡、保持水土、涵养水源和维持生物多样性等方面起着不可替代的作用(章力建、刘帅,2010)。草地地上部分和地下部分总的碳储量约占全球陆地生态系统的 1/3,仅次于森林生态系统,草地还可以通过光合作用吸收大气中的 CO_2,减少大气的温室气体,在改善全球气候变暖方面具有重要作用和积极意义(章力建、刘帅,2010)。

由于《京都议定书》清洁发展机制项目未能将草原碳汇交易纳入其中,所以草原碳汇经济的研究远远落后于森林碳汇经济的研究,草原碳汇的研究还处于尝试阶段(刘宝康等,2014)。

(4) 农田管理

耕地固碳仅涉及农作物秸秆还田固碳部分,原因在于耕地生产的粮食每年都被消耗了,其中固定的二氧化碳又被排放到大气中,秸秆的一部分在农村被燃烧了,只有作为农业有机肥的部分将二氧化碳固定到了耕地的土壤中(何勇,2006)。

2.3.2 产业建设碳排放

(1) 农业生产的碳排放

一般而言,农地利用的碳排放主要来源于 6 个方面:一是化肥生产和使用过程中所导致的农地直接或间接碳排放;二是农药生产和使用过程中所导致的碳排放;三是农膜生产和使用过程中所引起的碳排放;四是农业机械运用而直接或间接消耗化石燃料(主要是农用柴油)所产生的碳排放;五是农地翻耕所导致的碳排放;六是灌溉过程中电能利用间接耗费化石燃料所形成的碳释放(王敬敏、施婷,2013)。

(2) 工业生产碳排放

工业生产的碳排放主要来源于两个方面:一个是产业生产和运作过程中能源的燃烧释放的 CO_2 量,另一个是特殊的工业产品生产带来的二氧化碳排放量。虽然大多数的产业部门在生产过程中除了能源消耗之外并不直接排放 CO_2,但是由于它们消耗那些在生产过程中排放 CO_2 的中间投入品(如水泥、钢材等),因此,如果考虑水泥等产品生产过程中的 CO_2 排放,那么其他部门产品生产过程的间接 CO_2 排放和总的隐含碳排放量也会增加(娄伟,2011)。

2.3.3 建筑单体碳排放

生活消费的碳源主要分为两部分:一是日常生活行为的能源消耗和燃烧排放的二氧化碳,主要包括电力、液化气和一些生物质能的消耗;二是日常消耗的生活用水在上游生产时排放的二氧化碳。

(1) 常规能源消费的碳排放

常规能源消费的碳排放是指日常生活行为的常规能源消耗和燃烧(电力、液化气等)排放的二氧化碳。能源在燃烧过程中,释放大量的二氧化碳到空气中,同时释放燃料中的化学能量作为热能。通常温室气体排放清单中的最重要的部分就是能源燃烧,在发达国家,其贡献一般占 CO_2 排放量的 90% 以上和温室气体总排放量的 75%。按照国际能源组织对能源的分类,可分为一次能源和二次能源。一次能源是自然界本来就有的各种形式的能源,如煤炭、石油、天然气以及太阳能、风能、地热能、海洋能、生物能等;二次能源是由一次能源经过转化或加工制造而生产的能源,如电力、煤气、汽油、柴油、燃料油、焦炭、沼气等(燕艳,2011)。

根据农村能源办公室 2013 年的统计,长三角地区乡村常用的商品能源有 8 种:煤炭、电力、汽油、柴油、液化石油气、煤气、焦炭、天然气(吕旭东、郑良燕,2014)。

(2) 可再生能源碳排放

根据《中国能源统计年鉴》长三角地区乡村常用的可再生能源主要分为太阳能

和生物质能两种。太阳能是不排放碳的,它们替代商品能源,具有减排效应。在乡村地区太阳能利用的主要形式是太阳能热水器。根据 2012 年浙江省印发的《"十二五"及中长期可再生能源发展规划》,2015 年,全省太阳能热水器总面积达 $2 \times 10^7 m^2$,农村太阳能热水器的普及率达到 30％以上(浙江省发改委,2012)。生物质能的消费有两种方式:一是生物质能的传统利用,即秸秆和薪柴的直接燃烧;二是生物质能的清洁使用,如沼气和生物质发电等。

(3)水资源消费碳排放

日常生活行为的自来水消耗在上游生产时排放的二氧化碳量可以根据自来水的用水量核算。

2.3.4　道路交通碳排放

我国作为最大的发展中国家,交通运输行业正处于快速发展阶段,2010 年我国交通运输业的能耗大约占全社会总能耗的 9％,其实际耗能量仅次于制造业。2008 年以来,国家出台了十大产业振兴计划,汽车产业就在其中,而其重要的一个组成部分就是"汽车下乡"政策,随着乡村经济水平的发展,乡村的私人汽车保有量逐步提高,道路交通的能源消耗和碳排放量也在不断上升。浙江乡村的交通碳排放以道路交通的能源消耗(汽油和柴油)产生的 CO_2 为主,包括公共交通和私人交通。

2.3.5　废弃物碳排放

根据《2006 年 IPCC 国家温室气体清单指南》修订有关国家温室气体清单的分类,废弃物产生的温室气体主要有 4 个来源:固体废弃物填埋处理、固体废弃物生物处理、废弃物的焚化与露天燃烧、污废水处理与排放。

1)固体废弃物处理

目前,我国对固态废弃物处理通常采取填埋、焚烧和堆肥三种方式。

①垃圾填埋:垃圾填埋场中的有机废物在厌氧状态下分解,会产生填埋气体。填埋气体主要由数量大致相当的 CH_4 和 CO_2 组成,由于 CO_2 产生后大部分溶于渗滤液,所以主要排放的温室气体是 CH_4。

②垃圾焚烧:焚烧法是一种高温热处理技术,即以一定量的过剩空气与被处理的有机废物在焚烧炉内进行氧化燃烧反应,废物中的有毒有害物质在 800~1200℃ 的高温下氧化、热解而被破坏,是一种可同时实现废物无害化、减量化和资源化的处理技术。但垃圾焚烧会产生大量的 CO_2,是一种重要的人为 CO_2 排放源。

③有机废物堆肥:有机堆肥的代谢过程中排放的主要温室气体为 CH_4,厌氧堆肥和活性污泥厌氧发酵是相近的,产生的 CH_4 是主要的温室气体(朱利娜等,2010)。

2)污废水处理与排放

污废水处理与排放包括乡村地区居民在生活和生产过程中形成的污水。具体范围包括生活污水和生产污水两个方面。生活污水是指居民生活过程中厕所排放的污水、洗浴、洗衣服和厨房污水等。生产污水是指畜禽养殖业、水产养殖业、农产品加工、工业生产等产生的废水(张克强,2006),分为直接排放和间接排放两个部分计算。直接排放表示污废水处理过程中相关生化反应所伴随的温室气体排放,主要以 CH_4 为主;间接排放表示污废水处理过程中能耗所对应的碳排放,以 CO_2 表示,可采用耗电量算法计算。

2.4 模型核算方法

2.4.1 核算公式

温室气体核算可以采用基于测量和基于计算两种方法。基于测量的方法是通过连续测量温室气体排放浓度或体积等进行计算,需要在排放源处安装连续监测系统进行实时监测。基于计算的方法主要包括排放因子法,即通过活动水平数据和相关参数来计算排放量。基于测量的方法虽然较为准确,但工作量大,装置设备成本高,因此目前大部分温室气体核算工作都采用了排放因子法。

本清单也考虑采用排放因子法,碳排放量核算公式如下:

$$E = \sum Q \times EF \tag{2-1}$$

式中:E——CO_2 排放量;

Q——活动水平,活动水平数据量化了造成城市温室气体排放的活动,如居民生活用电量、村内交通工具的汽油消耗量等;

EF——排放因子,即每一单位活动水平所对应的 CO_2 排放量,如:tCO_2/t 原煤,tCO_2/mWh 电。

2.4.2 数据采集方法

(1)活动水平数据

活动水平数据可以分为统计数据、部门数据、调研数据和估算数据(表 2-2)。收集国家和城市尺度的温室气体排放源活动水平数据时,通常会采用自上而下的方法,将统计数据(如统计年鉴、普查及调查数据等)作为最权威的数据来源。但是,鉴于中国浙江乡村的实际,单个乡村的多数活动水平数据缺乏权威的统计资料,所以本书中乡村温室气体排放量的活动水平数据主要采用以"自下而上"为主的采集方法:①行政管理部门数据的收集。调研村级政府职能部门或者行业协会提供的数据。②现场调研数据的收集。通过现场调研、抽样调查等方式收集并汇总的数据。③估算数据。当上述两种数据都缺失时,由职能部门业务骨干或相关行业专家根据经验判断得出的数据(表 2-3)。

表 2-2   活动水平数据的采集方法

方法	类型	来源
自上而下	统计数据	统计年鉴
	部门数据	政府部门公布的数据、企业年度排放报告
自下而上	调研数据	问卷调查、抽样实测
	估算数据	权威人士的经验估算,科研文献

表 2-3   数据收集来源

活动水平数据		数据收集来源		
		方法一 部门数据	方法二 调研数据	方法三 估算数据
森林面积		村民委员会		
农作物秸秆还田量		村民委员会		
草地面积		村民委员会		
湿地面积		村民委员会		
每亩柴油用量		村民委员会		
电力灌溉面积		村民委员会		
每亩化肥施用量				种粮大户经验估算
每亩农药施用量				种粮大户经验估算
每亩农膜使用量				种粮大户经验估算
翻耕面积		村民委员会		
工业产值		村民委员会		
LPG 消费量			抽样调研	
煤炭消费量			抽样调研	
秸秆消费量			抽样调研	经验估算
薪柴消费量			抽样调研	经验估算
沼气消费量			抽样调研	
电力消费量			抽样调研	
村际公交车一天班次		公交公司		
村际公交车单趟出行里程		公交公司		
本村人数比例		公交公司		
私家车年里程数	拥有量	村民委员会		
	年平均里程		抽样调研	
摩托车年里程数	拥有量	村民委员会		
	年平均里程		抽样调研	

活动水平数据		数据收集来源		
		方法一 部门数据	方法二 调研数据	方法三 估算数据
小货车年里程数	拥有量 年平均里程	村民委员会	抽样调研	
村垃圾焚烧量		村民委员会		
每户垃圾日均产出量			实地调研	
生活污水排放量				根据规范定额按 人口估算

（2）排放因子数据

排放因子是一个数值，但可能由多个参数共同决定。确定不同排放因子需要的参数数量不尽相同：煤的 CO_2 排放因子取决于煤的热值和氧化率；垃圾焚烧处理时，CH_4 的排放因子取决于不同垃圾类型的含碳比例、矿物碳占碳总量的比例、垃圾焚烧的碳氧化率等。在排放因子的选定时应特别注意其是单位碳还是单位 CO_2，两者之间可以转换（CO_2 与 C 的比为 44/12）（世界资源研究所，2013）。

排放因子数据主要从 IPCC 指南中推荐的缺省排放因子、国际排放因子数据库、城市温室气体排放工具指南、实际调研数据或实测数据及公开发表的文献等渠道获取。在此过程中，首选地区数据，其次是国家数据，如果国内没有可供参考的标准和文献，则采用国际文献或 IPCC 指南中的缺省排放因子。

2.5　排放因子基础数据库

2.5.1　商品能源碳排因子

由于商品能源在产业建设、建筑单体、道路交通等分项中都会涉及，所以将商品能源碳排因子单独列出来统一计算。

（1）商品能源（除电能）

根据《2006 年 IPCC 国家温室气体清单指南》、《中国温室气体清单研究》（2007年）、《省级温室气体清单编制指南（试行）》中的化石燃料的平均低位发热量（能源转换因子）及能量单位 CO_2 排放因子，计算常规能源（除电力外）物理单位的 CO_2 排放因子。其中虽然燃料中一小部分碳在燃烧过程中不会被氧化，但是这部分比例通常很小（99％～100％的碳都被氧化了），所以在生成 CO_2 排放因子时，被氧化的碳比例被假设为 1（IPCC，2006）。

计算公式如下：

$$C = C_e \times NCVS \tag{2-2}$$

式中：C——物理单位的 CO_2 排放因子；

　　　C_e——能量单位的 CO_2 排放因子；

　　　$NCVS$——平均低位发热量。

计算结果见表 2-4。

表 2-4　商品能源(除电能) CO_2 排放因子计算结果

能源	能量单位的 CO_2 排放因子/ (tCO_2/TJ)			平均低位发热量 (能源折算因子)/ (TJ/Gg) 或 $(TJ/M\,m^3)$		物理单位的 CO_2 排放因子/ (tCO_2/t)		
	IPCC	CGHG	PGHG	IPCC	中国	IPCC	CGHG	PGHG
LPG	63.1	63.1	63.1	47.3	47.47	2.98	2.99	2.99
煤炭	98.3	101.5	100.5	26.7	26.7	2.62	2.67	2.68
汽油	69.3	69.3	69.3	44.3	43.12	3.07	2.99	2.99
柴油	74.1	74.0	74.1	43	42.71	3.19	3.16	3.16
煤气	44.4			38.7		1.72		
焦炭	107	107.8	108.2	28.2	28.47	3.02	3.07	3.08
天然气	56.1	56.2	56.1	48.0	35.59	26.92 (tCO_2/t)	19.99 $(tCO_2/$ 万立方米$)$	19.97 $(tCO_2/$ 万立方米$)$
LNG	64.2	63.1		44.2		2.84		

注：CGHG——《中国温室气体清单研究》(2007)，PGHG——《省级温室气体清单编制指南(试行)》(2011)。

结合其他文献得到现有研究的能源 CO_2 排放因子，见表 2-5。

表 2-5　商品能源(除电能)排放因子汇总表

来源	液化石油气/ (tCO_2/t)	煤炭/ (tCO_2/t)	汽油/ (tCO_2/t)	柴油/ (tCO_2/t)	煤气/ $(t/$ 万立方米$)$	焦炭/ (tCO_2/t)	天然气/ $(t/$ 万立方米$)$	液化天然气/ (tCO_2/t)
WRI	3.101	2.860	2.925	3.096	8.555	2.860	21.622	2.889
IPCC	2.98	2.62	3.07	3.19	1.72 (tCO_2/t)	3.02	26.92 (tCO_2/t)	2.84
CGHG	2.99	2.67	2.99	3.16		3.07	19.99	
PGHG	2.99	2.68	2.99	3.16		3.08	19.97	
王海鲲等	2.98	3.18	3.18	7.42	3.02	21.84	2.84

注：WRI——《能源消耗引起的温室气体排放计算工具指南》，煤炭指无烟煤。

根据比较以后，本书选取的 CO_2 排放因子主要根据最近期的 2011 年发展改革委办公厅发布的《省级温室气体清单编制指南（试行）》中的数据转换得到，其中缺少的煤气和液化天然气部分参考《能源消耗引起的温室气体排放计算工具指南》中的数值。

（2）电能

不同国家电力生产的工艺水平不同，电力生产结构不同（表 2-6），单位电量排放 CO_2 量也不同。目前我国火力发电是主要方式，水电的发展要比火电慢得多，核电也在刚刚起步的阶段，风力、太阳能、潮汐能等新能源发电年产量极少（国家统计局能源统计司，2009）。

表 2-6　中外发电能源结构比较

国家	发电结构/%					
	煤电	油电	气电	核电	水电	其他
中国	63.93	1.46	5.00	4.21	17.63	7.77
日本	26.03	10.58	24.1	27.76	8.01	3.52
德国	48.03	1.52	12.09	26.98	3.17	8.21
韩国	38.01	5.91	18.06	36.98	0.86	0.18

考虑我国的国情，在计算电力碳排放因子时，参考我国国家发展和改革委员会应对气候变化司的研究计算确定的华东电网区域基准线排放因子来确定。国家发展和改革委员会应对气候变化司对 2011—2013 年的区域电网的基准线排放因子进行了计算（表 2-7），OM 是电量边际因子，代表目前运行的发电设施的排放因子，BM 是容量边际因子，代表新建的电厂的排放因子（国家发改委，2015）。浙江属于华东区域电网，OM 值为 0.81 tCO_2/mWh，得到电力排放因子为 0.81 tCO_2/mWh，即 0.81×10^{-3} tCO_2/kWh。

表 2-7　电网区域基准线排放因子

电网压域	EFgrid,OM,y/(tCO_2/mWh)	EFgrid,BM,y/(tCO_2/mWh)
华北区域电网	1.0302	0.5777
东北区域电网	1.1120	0.6117
华东区域电网	0.8100	0.7125
华中区域电网	0.9779	0.4990
西北区域电网	0.9720	0.5115
南方区域电网	0.9223	0.3769

2.5.2　生态环境的碳汇因子

表 2-8 是历年国内的关于生态环境和土地利用的文献中碳排放因子统计，由

于中国植被的碳汇功能在最近 20 年内显著增加(方精云等,2007),本书选取了 0.644 t/(hm² · a)作为林地的碳汇因子,0.02 t/(hm² · a)作为草地的碳汇因子, 0.17 t/(hm² · a)作为湿地的碳汇因子,0.692 t/t 作为耕地农作物秸秆还田的碳 汇因子,水稻的每亩还田量约为 200 kg。上述碳汇因子均以 C 计,转换为 CO_2 计 则见表 2-9。

表 2-8　碳汇因子(以 C 计)

数据来源	林地 C	湿地 C	草地 C	耕地 C
方精云等,2007	0.58 t/(hm² · a)		0.021 t/(hm² · a)	
张艳芳,2013	0.644 t/(hm² · a)		0.02 t/(hm² · a)	
李凤亭,2009	0.6 t/(hm² · a)	0.17 t/(hm² · a)		
何勇等,2006				0.692 t/t(秸秆还田量)

表 2-9　碳汇因子转换

碳汇因子	林地 C	湿地 C	草地 C	耕地 C
以 C 计	0.644 t/hm² · a	0.17 t/hm² · a	0.02 t/hm² · a	0.692 t/t(秸秆还田量)
以 CO_2 计	2.36 t/hm² · a	0.62 t/hm² · a	0.07 t/hm² · a	2.54 t/t(秸秆还田量)

2.5.3　产业建设碳排因子

(1) 农业生产

农地利用的碳排放主要来源于 6 个方面,涉及的氮肥、复合肥、农药、农膜、翻 耕、电力灌溉和柴油的碳排放因子见表 2-10。

表 2-10　农业生产的碳排放因子

碳源	排放因子(以 C 计)	排放因子(以 CO_2 计)	因子数据来源
化肥(N)	0.857 t/t	3.14 t/t	West T. O. (2002)
化肥(P,K)	0.143 t/t	0.52 t/t	美国橡树岭国家实验室
农药	4.9341 t/t	18.09 t/t	West T. O. (2002) 美国橡树岭国家实验室
农膜	5.18 t/t	18.99 t/t	李波(2012)
翻耕	0.3126 t/km²	1.15 t/km²	伍芬琳(2007)中国农业大学 生物与技术学院
电力灌溉	0.025 t/km²	0.09 t/km²	Dubey(2009)
柴油	0.8618 t/t	3.16 t/t	前文

(2) 工业生产

乡村工业生产能源消耗碳排放分两部分:特殊行业工业生产过程的直接碳排放和生产过程的能源消耗碳排放。

水泥、石灰等特殊行业的工业生产过程中会直接排放二氧化碳。因此本书对水泥、石灰生产过程中的二氧化碳排放因子进行了统计和整理。水泥生产过程二氧化碳排放因子见表 2-11(周颖等,2013),本书选取《省级温室气体清单编制指南》中的排放因子 0.538 tCO_2/t;石灰生产过程二氧化碳排放因子参考《省级温室气体清单编制指南》中的数值 0.683 tCO_2/t(国家发改委,2011)。

表 2-11　水泥生产过程二氧化碳排放因子

来源	CO_2 排放因子/(tCO_2/t)
《省级温室气体清单编制指南》	0.538
环境保护部环境规划院	0.533
IPCC	0.51
澳大利亚水泥协会	0.518
美国波特兰水泥协会	0.522
瑞士霍尔希姆	0.524

对于长三角地区部分乡村典型的家庭作坊式企业,企业运作的能源消耗与家庭居住能源消耗相混,难以获得精确的企业能源消耗数据。考虑参考何艳秋(2012)的行业完全碳排放的测算及应用的成果,以不同的行业产值为主要活动水平数据的碳排放核算方法。

主要行业的碳排放因子见表 2-12。

表 2-12　行业碳排放因子表

行业	行业边际碳排放/(吨/万元)	行业	行业边际碳排放/(吨/万元)
黑色金属冶炼及压延加工业	2.7971	非金属矿物制品业	1.9180
化学原料及化学制品制造业	2.5738	木材加工及木、竹、藤、棕、草制品业	0.9522
仪表仪器及文化办公机械制造业	1.2304	有色金属冶炼及压延加工业	1.2256
塑料制品业	2.0207	造纸及纸品业	1.1216
金属制品业	1.9648	纺织业	0.8301
纺织服装、鞋、帽制造业	1.1174	批发零售和住宿餐饮业	0.8889
家具制造业	1.3692	皮革、毛皮、羽毛制品业	0.7625

2.5.4 建筑单体碳排因子

(1) 常规能源消费

日常生活行为的常规能源消耗和燃烧(电力、液化气等)排放的二氧化碳计算参照前文的商品能源碳排放因子进行计算。

(2) 可再生能源消耗

1)秸秆和薪柴

长期以来,以秸秆和薪柴等生物质能为主的传统非商品能源占农村能源消费的主要地位,特别是生活耗能方面,以居民家庭炊事和冬季采暖为主,多为直接燃烧(陈艳,2012)。秸秆和薪柴的燃烧会产生大量的二氧化碳和一氧化碳,不属于清洁的生物质能。

秸秆和薪柴的 CO_2 排放量计算公式:

$$EBG = BM \times C_{cont} \times O_{frac} \times 44/12 \qquad (2-3)$$

式中:EBG——秸秆和薪柴消耗的 CO_2 排放量,单位为 t;

BM——生物质能消耗量,单位为 t;

C_{cont}——生物质含碳量,单位为%,秸秆、薪柴含碳系数分别为 40% 和 45%;

O_{frac}——生物质氧化率,单位为%,秸秆、薪柴氧化率分别为 85% 和 87%。

王革华(2002)计算得到秸秆和薪柴的 CO_2 排放因子分别为 1.24 7 t/t 和 1.43 t/t。

2)沼气

沼气,是各种有机物质,在隔绝空气(还原条件),并在适宜的温度、pH 值下,经过微生物的发酵作用产生的一种可燃烧气体的主要成分甲烷是一种理想的气体燃料,无色无味,与适量空气混合后即会燃烧。与其他燃气相比,其抗爆性能较好,是一种很好的清洁燃料。

沼气的 CO_2 排放量计算公式:

$$EBG = BG \times C_{thermal} \times O_{cont} \times 44/12 \qquad (2-4)$$

式中:EBG——沼气利用的 CO_2 排放量,单位为 t;

BG——沼气消耗量,单位为万立方米;

$C_{thermal}$——沼气热值,TJ/万立方米取值为 0.209 TJ/万立方米;

O_{cont}——生物质含碳量,t/TJ,沼气含碳量为 15.3 t/TJ(王革华,2013)。

(3) 水资源消费

日常生活行为的自来水消耗排放的二氧化碳量的水力碳排放因子 EF 为 0.3 $kgCO_2/t$(科学技术部社会发展司,2013)。

2.5.5 道路交通碳排因子

道路交通的CO_2排放量计算有两种途径:一种是燃料估算法,根据其统计部门提供的燃油消耗量并结合燃料种类的排放因子计算;另一种是行驶距离估算法,根据移动源实际行驶路程并结合其排放因子计算(IPCC,2007)。鉴于中国浙江乡村的实际,单个乡村的燃油消耗量数据缺乏权威的统计资料,本书采用行驶距离估算法。

核算方法具体如下:

$$E = \sum F \times EF = \sum (V_{ij} \times S_{ij} \times C_{ij}) \times EF \qquad (2\text{-}5)$$

式中:E——交通单元产生的CO_2排放量,单位为 t;

$\quad V$——机动车保有量,单位为辆;

$\quad S_{ij}$——年均行驶里程,单位为 km/辆;

$\quad C_{ij}$——车辆的燃油经济性,单位为 L/km;

$\quad EF$——碳排放因子(以CO_2计),单位为 g/L;

$\quad i$——不同机动车类型;

$\quad j$——不同燃料类型。

对交通单元的碳排放进行核算时,从公共交通和私人交通两方面进行碳排放计算。根据《浙江农村统计年鉴》数据,将机动车分为以下不同类型:大巴、中巴、摩托车、小汽车、小货车。分别获得不同类型机动车的保有量、年均行驶里程和燃油经济性,乘以相应的排放因子,计算相应车型的CO_2排放量,最后汇总获得交通单元的总排放量。其中比较关键的因子是燃油经济性即百公里油耗(L/km),本书选用的体积数据来源和换算后的重量数据见表 2-13。

表 2-13　不同类型车辆燃油经济性

车辆类型		燃料类型	百公里油耗/(L/km)	来源
私人交通	摩托车	汽油	2.08	蔡博峰等(2012)
	小汽车	汽油	8.97	《乘用车燃料消耗量评价方法及指标》(GB 27999—2019)
	小货车	柴油	12.6	《营运货车燃料消耗量限值及测量方法》(JT/T 719—2016)
公共交通	中巴	柴油	9.4	《轻型商用车辆燃料消耗量限值》(GB 20997—2015)
	大巴	柴油	33	蔡博峰等(2012)

2.5.6　废弃物碳排因子

(1) 固体废弃物

填埋、焚烧和堆肥三种废弃物的处理方法中,焚烧法是 CO_2 排放的主要方式。因此参考 MSW(城市固体废弃物)焚化产生 CO_2 排放计算的决策树,采用 IPCC《国家温室气体清单优良做法指南和不确定性管理》推荐的计算公式,即:

$$E_{CO_2} = \sum (MSW \times CCW \times FCF \times EF \times 44/12) \tag{2-6}$$

式中:E_{CO_2}——CO_2 排放量,单位为 t;

　　MSW——固体废弃物焚烧量,单位为 t;

　　CCW——MSW 中的碳含量比例;

　　FCF——MSW 中的矿物碳含量比例;

　　EF——焚烧炉的完全燃烧效率。

根据《国家温室气体清单优良做法指南和不确定性管理》提供的关键排放因子,MSW 的碳含量(CCW)为 34%,矿物质在碳总量中的比例(FCF)为 40%,燃烧效率(EF)为 95%,公式转化为:

$$E_{CO_2} = 0.474\ tCO_2/t \times MSW(廖凌娟等,2013) \tag{2-7}$$

长三角地区乡村主要采用垃圾填埋的方式,该方式主要排放的温室气体是 CH_4,CO_2 产生后大部分溶于渗滤液,排放到空气中的非常少。

(2) 污废水处理

根据《1998—2008 年我国废水污水处理的碳排放量估算》中的数据,常用生物处理方法的生活污水平均每立方米耗电量为 0.30 kWh(王曦溪、李振山,2012);同时根据前文可得,华东区域的电力排放因子为 0.81×10^{-3} tCO_2/kWh,因此,生活污水的 CO_2 排放因子为 0.241 $kgCO_2/m^3$。

同时文章中还给出了 11 个行业的工业废水处理数据,平均每立方米耗电量的平均值为 0.40 kWh;同样参考电力排放因子 0.81×10^{-3} tCO_2/kWh,得到工业废水的 CO_2 排放因子为 0.324 $kgCO_2/m^3$。

2.6　核算结果评价

根据 CDIAC 公布的中国 2010—2012 年的碳排放情况数据,2010—2012 年三年中国平均碳排放量为 6.06 t/人(CDIAC,2015)。2010 年和 2012 年,国家发改委确定了不同规模的 36 个低碳试点城市,分布在全国 24 个省、自治区和直辖市;东、中、西部低碳试点城市的 2011 年人均 CO_2 排放量分别是 13.34 t/人,11.43 t/人和 12.02 t/人(图 2-4);其中碳排放量最低的城市为赣州(2.61 t/人),最高的城市为济源(26.6 t/人)(宋祺佼等,2015)。分析上述数据可以发现,中国人均碳排放

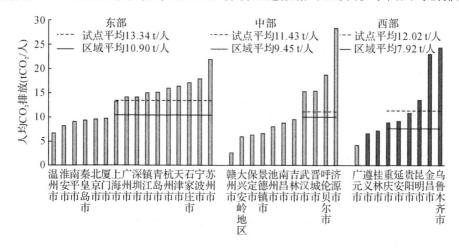

图 2-4   分区域低碳试点城市 2011 年人均 CO_2 排放情况

量远低于城市人均碳排放量,主要原因是中国乡村的人均碳排放虽然呈现高速增长状态,但是与城市相比依然较低。因此在对人均碳排放计算结果进行评价的时候,考虑将碳排放量最低的试点城市(2.61 t/人)所在的区间,即全国人均碳排放量的 1/3~1/2,作为乡村碳排放量中区范围,将高于全国人均碳排放量 1/2 的区间定为乡村碳排放量高区范围,低于全国人均碳排放量 1/3 的区间定为乡村碳排放量低区范围(表 2-14)。

鲁丰先(2013)估算了 2008 年中国省级尺度区域的人均碳汇量,全国人均年碳汇约为 0.6 t/人,西部的碳汇数据要远远高于东部,青海的人均碳汇量高达 12.79 t/人,而东部省区的人均碳汇都在 0.6 t/人以下;上海的人均碳汇量最低为 0.042 t/人(赵倩,2011)。因为本书主要针对东部区域,因此考虑将高于全国人均碳汇量 0.6 t/人以上的定为乡村碳汇聚量高区范围;将上海人均碳汇量所在区间即小于 0.1 t/人的定为乡村碳排放量低区范围;中区范围介于两者之间(表 2-14)。

表 2-14   碳排碳汇结果分区

	高区	中区	低区
人均碳排量	≥3 t	2~3 t(含 2t)	<2 t
人均碳汇量	≥0.6 t	0.1~0.6 t(含 0.1 t)	<0.1 t

2.7 本章小结

基于现有的量化的方法去计算空间地域的温室气体排放研究工作主要集中在国家、省域或大型城市层面,针对乡镇、乡村等小尺度的研究比较少,且主要集中在能源消费、农业生产、住户生活等单一的研究领域。本章采用"自下而上"的数据收集方式,以"消费式"为主的温室气体排放计算模式,构建了针对长三角地区乡村的碳排放核算模型。

首先,本书参考 IPCC 的排放源,结合长三角地区乡村的现状,选取合适的碳源和碳汇评价因子,然后按照当地的政府职能部门的管理分工方式和村庄规划的进程方法,将因子进行重新梳理和整合,使乡村碳排放的分类核算结果与后期的行政管理和规划行为能直接对接,规划和管理的政策都有对应的细化的碳源碳汇因子的量化数据支撑。

其次,由于乡村的能源以输入为主,研究选用以"消费式"为主的温室气体排放计算模式,采用排放因子法计算乡村的碳排放。鉴于中国浙江乡村的实际,单个乡村的多数活动水平数据缺乏权威的统计资料,所以本书中乡村温室气体排放量的活动水平数据主要采用自下而上的采集方法,结合行政管理部门数据、现场调研数据、估算数据三种方式获取。排放因子数据主要通过文献查阅的方式获取。

最后,根据已有的城市碳排放文献研究结果确定乡村碳排和碳汇的高、中、低区。人均碳排放量大于或等于 3 t 定为乡村碳排放量高区范围,2~3 t(含 2 t)定为乡村碳排放量中区范围,小于 2 t 的区间定为乡村碳排放量低区范围;人均碳汇量大于或等于 0.6 t 的乡村为高碳汇乡村,人均碳汇量为 0.1~0.6 t(含 0.1 t)的乡村为中碳汇乡村,人均碳汇量小于 0.1 t 的乡村为低碳汇乡村。

3 低碳生态乡村的综合评价方法

前一章建立了乡村碳排放的核算模型,根据该模型能够对不同乡村的碳排放量和碳汇聚量进行较准确的核算。但是仅仅依据乡村的碳排放量或是碳汇聚量对乡村低碳生态发展水平进行整体评价是不全面的,有些乡村先天自然环境较好,具有很高的碳汇量和较低的碳排放量,然而乡村缺乏整体规划和有效管理、基础设施建设落后,建筑风貌破坏严重,这一类乡村显然不能被认为是发展良好的低碳生态乡村。因此,有必要建立乡村生态度(生态文明度)的评价体系,通过生态度、碳排、碳汇 3 个不同维度的指标的耦合,才能对乡村的低碳生态发展程度进行全面的综合评价。

3.1 乡村生态度评价体系

3.1.1 建构原则

(1) 科学性与操作性相结合

指标概念必须明确,能够度量和反映乡村环境主体现状以及发展趋势。指标设置既要考虑理论上的完备性、科学性和正确性,又要尽可能利用现有统计指标,结合乡村实际特点,充分考虑指标评定时的可操作性,设置易于统计整理的、具有可测性的、可操作性强的指标。

(2) 系统性与特色性相结合

指标体系作为一个有机整体,应该能够比较全面地反映和测度乡村生态环境系统和人居环境系统的主要问题和特征;同时在系统性的基础上,应力求简洁,尽量选择有代表性的综合指标和主要指标,并针对不同的地区辅之以一些特色化的辅助性指标,要避免指标的重叠和简单罗列。

(3) 主观性和客观性相结合

乡村是一个多层次的各部门组合的复杂体,乡村的发展既受到主观因子的影响,也受到客观因子的制约,因此评价体系中指标的筛选和设定过程中应将主观评价因子和客观评价因子相结合,才能全面地综合地反映乡村低碳生态发展的真实状况。

（4）定性评价和定量评价相结合

在生态度评价中采用层次分析法(the Analytic Hierarchy Process,AHP),通过将定性问题进行定量分析的方式确定因子权重;在综合评价中将专家定性评价和碳排放定量测算相结合,综合分析评价乡村的低碳生态表现,最终得到定性的低碳生态乡村评价结果。

3.1.2　评价对象和边界

长江三角洲是中国第一大经济区,位于我国东南沿海,区域面积占国土面积的2.19%,2009 年国内生产总值(GDP)占同期中国经济总量的 21.29%。地区经济发展水平、人民生活水平和农村发展水平在中国处于领先地位(周易、王慧初,2014)。境内地貌类型复杂多样,平原、山地、丘陵、岛屿俱全。

省、市、县、乡、村能是中国的五大行政区划等级,村是中国最小的行政区划。本书以长江三角洲的独立行政村作为评价对象,将行政村的地理边界作为评价的边界。

由于长三角地区内地形地貌多样,不同地形地貌的乡村由于生态环境、经济产业和生活方式的差异,直接或间接地对其碳排放量产生影响。依据原国家环保总局发布的《生态功能区划暂行规程》,以中国生态环境综合区划三级区为基础,结合长三角地区地形特点与气候特征,将长三角地区乡村划分为 4 大类,即平原区乡村、山地区乡村、丘陵区乡村、海岛区乡村。

3.1.3　评价体系指标框架

本书的评价体系按层次划分概念总共分为四层:总目标层(A)、因子层(B)、指标层(C)和细则层(D)。如图 3-1 所示,总目标(A)即乡村的生态度(生态文明度)。

高生态度的乡村具有完善齐备的功能、健康可持续的生活方式和较好的生态宜居度,这离不开完备的基础配套设施、良好的经济发展水平和健全的管理制度。根据丹麦学者罗伯特·吉尔曼的观点,生态村主要包括生态系统、建造系统(基础设施和建筑单体)、经济系统(经济产业)、治理和凝聚力(规划管理)等的挑战,因此本书将因子层(B)分为五项,分别是 B1 规划管理、B2 生态环境、B3 基础设施、B4 经济产业、B5 建筑单体(图 3-1)。

根据因子层的 5 个方面,参考现有规范、标准和评价体系,结合长三角地区乡村的实际情况,将生态度指标进行筛选,使指标项分布和政府职能部门、规划设计方法对接,采用层级划分的方法得到 14 项 C 级评价指标,每个 C 级评价指标又有若干项 D 级评价细则,见表 3-1,共计 39 项细则,每项细则的指标解释见附录 2。根据每项细则的得分,计算得到 14 项 C 级评价指标得分,根据 C 级评价指标得分情况,结合不同指标的权重,得到乡村生态度发展评价的综合得分。

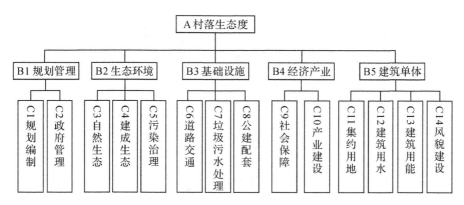

图 3-1   长三角地区低碳生态乡村综合评价体系层级框架图

不同的地形地貌在生态低碳建设上有不同的特点,本书结合长三角地区乡村的地形划分出 4 大区域,即平原区、山地区、丘陵区、海岛区,按照其不同的特点在指标设置时做了以下处理:

①不同的指标评价不同的对象。例如:农田林网化率一项只针对平原区、丘陵区、山地区和海岛区不参评。

②同一指标针对不同的对象有不同的评价标准。例如:指标 C3 自然生态中,森林覆盖率一项,山地区的标准是 75%,丘陵区和海岛区的标准是 45%,平原区的标准是 10%。

表 3-1   乡村生态度评价指标框架

评价因子	评价指标	评价细则
B1 规划管理	C1 规划编制	1) 总体规划 *
		2) 生态低碳规划
	C2 政府管理	3) 政府资金补助
		4) 村委管理制度
B2 生态环境	C3 自然生态	5) 环境噪声
		6) 环境空气
		7) 地表水环境
		8) 林地面积(林地率)
		9) 湿地面积(自然湿地保有率)
		10) 公共绿地面积(公共绿地面积)
	C4 建成生态	11) 绿化物种
		12) 道路绿化
		13) 农田林网化
	C5 污染治理	14) 近三年无重大环境污染或生态破坏事故 *
		15) 无滥垦、伐、采、挖等现象

续表

评价因子	评价指标	评价细则	
B3 基础设施	C6 道路交通	16）道路设施完善	
		17）道路用地适宜	
		18）交通与停车管理	
	C7 垃圾污水处理	19）生活垃圾处理	a 乡村生活垃圾收集率
			b 乡村生活垃圾无害化处理率
			c 乡村实施生活垃圾分类收集比例
		20）生活污水处理	a 雨污分流
			b 污水处理率
	C8 公建配套	21）教育设施配置	
		22）医疗设施配置	
		23）商业（便利商店）设施配置	
		24）公共文体娱乐设施配置	
		25）公共厕所配置	
B4 经济产业	C9 社会保障	26）社会保障覆盖率	
	C10 产业建设	27）本地主导产业符合循环经济发展理念	
		28）生态农业模式建设	
B5 建筑单体	C11 集约用地	29）建成区人均建设用地面积	
		30）行政办公设施节约度	a 集中政府机关办公楼人均建筑面积
			b 院落式行政办公区平均建筑密度
	C12 建筑用水	31）非居民用水全面实行定额计划用水管理	
		32）节水器具普及使用比例	
		33）雨水回收利用	
	C13 建筑用能	34）使用清洁能源的居民户数比例	
		35）农作物秸秆综合利用率（无则不参评）	
		36）规模化畜禽养殖场粪便综合利用率（无则不参评）	
		37）新建建筑执行国家节能或绿色建筑标准既有建筑实施节能改造计划	
	C14 风貌建设	38）辖区内历史文化资源得到妥善保护与管理	
		39）乡村建设风貌与地域自然环境特色协调，体现地域文化特色	

注：评价细则中，＊项为控制项，如果任意一项不满足则取消参评生态低碳乡村的资格。

3.1.4　指标值的确定

对乡村生态度的评价离不开对各项评价指标标准值的确定，为了适应当前评价的要求，指标的标准值确定采用 6 个途径：

①凡已有国家标准的或国际标准的指标尽量采用规定的标准值；

②凡已有长三角地区相关的文件和政策的尽量向相关政策文件引导；

③参考国内或国外具有良好乡村生态环境的现状值作为指标值；

④依据现有的环境与社会、经济协调发展的理论量化确定标准值；

⑤参考现有的文献资料确定；

⑥对那些目前统计数据不十分完整，但在指标体系中又十分重要的指标，在缺乏有关指标统计前，暂用类似指标代替。

3.1.5　权重的设置

权重是指某项指标在所有评价指标中所占的比重。在环境评价体系中，由于各评价指标对环境的影响不同，故应对不同的评价指标赋予不同的权重，它反映评价指标间相对重要的程度。

在乡村生态度评价体系中，对评价权值的分配会直接影响评价结果。合理地给予评价指标赋权，对提高评价精度和灵敏度有十分重要的意义。权值的度量包括主、客观两方面的内容：主观是指人们对评价的关心程度；客观是指评价指标对环境的影响程度（高光贵，2003）。

本书讨论了不同的权重确定方法，选择了较为精确可信并有较强可操作性的方法来计算和确定指标权重值。

(1) 常用的权重设定方法比较

回归分析法、德尔菲法、排序法和 AHP 法都是常用的定权方法，从原理角度可分为两类：

①回归分析法是根据样本数据自身的信息特征作出的权重判断，具有较高的可信度，适合于有大量完整样本的情况。在本书中比较适合第一部分居住区环境质量评价，即使用者评价部分，因为该阶段评价有大量的问卷调查。

②德尔菲法、排序法和 AHP 法属于另一类，都是基于专家群体的知识、经验和价值判断展开的。对样本的数量要求并不是很高。比较适合本书中第二部分居住区环境负荷评价，即专家评价部分。

在第二类的三种方法中德尔菲法的测评难度最大，对专家的经验和知识等各方面要求较高。专家在打分时，很难客观地把握指标之间的关系。所以在实践中各指标之间的离差值是最小的。《绿色建筑评价细则》的权重也应该是采用了这种方法。

排序法在指标项过多时，专家打分时容易受干扰，难以做出正确的决断。所以只有统计指标数量和样本数量较小，统计结果易于控制，打分的客观性和可信性容易控制的时候才适用。

层次分析法得到的权重值离差是三种方法中最大的，它是对指标重要性进行两两比较的方法，有利于专家把握指标之间的关系，同时它对专家的主观判断进一步做了数学处理,通过判断矩阵计算得出指标权重,所以相对前两者而言更为精确和可信(王靖、张金锁,2001)。

(2) 定权方法的选择

根据上文中对不同方法的比较,在本书的低碳乡村评价体系中,我们选用最为精确和可行的 AHP 法确定因子的权重。

层次分析法是一种多目标评价决策方法,由美国学者 T. L. Saaty 于 20 世纪 70 年代提出。AHP 将复杂问题分解为若干层次,每一层次有若干要素组成,然后以上一层次的要素为准则,对下一层次各要素进行两两比较,通过判断和计算,从而得出各要素的权重。衡量尺度一般可划分为 9 个等级,分别为:极端不重要1/9、十分不重要 1/7、比较不重要 1/5、稍微不重要 1/3、同等重要 1、稍微重要 3、比较重要 5、十分重要 7、极端重要 9。

(3) 权重的调查和确定

在 2016 年 6—7 月,我们邀请了 35 名相关专家,对他们进行了低碳乡村评价体系 16 个子项目的权重 AHP 调研,调研过程和结果如下。

1)调查问卷

本次调查问卷如附录 1 所示。

2)调查对象

被调查人员 35 名,回收调查表 30 份,回收率为 85.7%。被调查人员具有地域代表性和职业代表性。他们都是被调查区域长三角地区内的专家,其中 1/3 被调查人来自于规划设计院,1/3 来自于政府相关部门包括规划局、规划编制中心和基层规划管理部门,1/3 来自于规划学科的教授和学者。所以,被调查人所从事的工作与本书的研究内容密切相关,是工作和研究在第一线的专家。因此,他们既能理解调查的目的意义,又熟悉调查内容,了解低碳乡村建设的基本要求。

3)调研结果

采用 AHP 软件,输入专家调研数据,根据几何平均判断矩阵的集结方法,剔除了 4 份无效问卷后,得到的权重计算结果见表 3-2。

在专家调查结果中,一致性检验 CR 值在 0.0000 到 0.0082 之间,远小于 0.1,即说明对评价指标的判断是合理的,计算得出的相应权重值也是正确的。观察权重值的分配可以看出,就因子项的 5 个方面来说,按其重要程度排序依次为:规划管理、生态环境、基础设施、建筑单体、经济产业。就 14 个指标项来说,专家认为规划编制、政府管理、自然生态、污染治理是建设生态低碳乡村最为重要的几个指标,而公建配置和产业建设相较之下最不重要。

表 3-2　指标权重计算结果

目标项	因子项（B）	权重（CR）	指标项（C）	权重（W）
乡村生态文明度	规划管理	0.2544(0.0000)	C1 规划编制	0.1347
			C2 政府管理	0.1197
	生态环境	0.2955(0.0015)	C3 自然生态	0.1382
			C4 建成生态	0.0576
			C5 污染治理	0.0997
	基础设施	0.1631(0.0033)	C6 道路交通	0.064
			C7 垃圾污水处理	0.0697
			C8 公建配置	0.0294
	经济产业	0.0799(0.0082)	C9 社会保障	0.0482
			C10 产业建设	0.0317
			C11 集约用地	0.0502
	建筑单体	0.2071(0.0041)	C12 建筑用水	0.0523
			C13 建筑用能	0.0564
			C14 风貌建设	0.0482

3.1.6　评价结果判断

长三角地区生态低碳乡村评价体系为 100 分制。评判依据是统计年报、文件档案、公开信息和现场调查结果，由专家进行计算并对每个指标进行独立打分。

每一个 C 级指标的满分为 5 分，若某个 C 级指标有若干个评价细则，则将每个评价细则得分取平均值，则为该 C 级指标的得分。将所有 C 级指标的得分带入下列公式得到的分数即为该名专家的打分结果。所有专家打分的平均值即为最终的得分。

$$A = 20 \times \sum W_i C_i \tag{3-1}$$

最终得分的结果等级评价见表 3-3。

表 3-3　结果等级评价

等级	分数
低	60 分及以下
中	60～80 分
高	80 分以上

总分在 60 分以下，或者一票否决项不符合要求，可被认为是低生态度乡村。总分在 60 分以上 80 分以下（包括 60 分），且一票否决项符合要求，可被认为是中生态度乡村，总分在 80 分以上（包括 80 分），且一票否决项符合要求，可被认为是高生态度乡村。

3.2 低碳生态乡村综合评价

低碳生态乡村的发展目标应是既有优良的乡村生态度，又有较低的乡村碳排放量和较高的碳汇量的可持续发展的乡村。因此，单一维度的乡村评价，无论是生态度指标，还是乡村碳排放量，或是乡村碳吸收量，都无法对其进行全面综合评估。本节通过碳排放、碳吸收和生态度 3 个维度建立对长三角地区乡村的低碳生态综合评价方法。

3.2.1 碳汇碳排评价

根据表 3-4 碳排放和碳汇聚的高中低分区范围，结合图 3-2 所示的综合评价九宫图，将乡村碳排放和碳汇聚划分为 9 个类型。其中，"高碳汇低碳排"为最优的类型，低碳汇高碳排为最需要改善和提升的类型。

表 3-4　碳排碳汇分区

	高区	中区	低区
人均碳排量	≥3 t	2～3 t	<2 t
人均碳汇量	≥0.6 t	0.1～0.6 t(含 0.1 t)	<0.1 t

然后按五级定性评分方法对 9 个类型进行定性分级(图 3-2，图 3-3)，最高为 5 分，最低为 1 分。最终得到乡村碳汇碳排综合评价结果，见表 3-5。5 分的可认为是表现优异的乡村，4 分的可认为是表现良好的乡村，3 分的可认为是表现中等的乡村，2 分的可认为是表现较差的乡村，1 分的可认为是表现差的乡村。

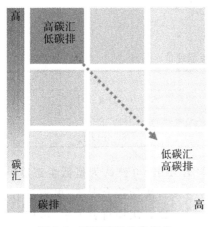

图 3-2　碳汇碳排分类评价

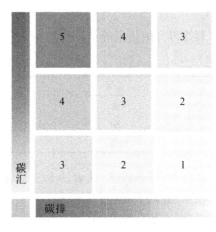

图 3-3　碳汇碳排分级评价

表 3-5　碳排碳汇定性评分标准

分数	类型	等级
5	高碳汇低碳排	优
4	高碳汇中碳排、中碳汇低碳排	良
3	高碳汇高碳排、中碳汇中碳排、低碳汇低碳排	中
2	中碳汇高碳排、低碳汇中碳排	较差
1	低碳汇高碳排	差

3.2.2　碳汇生态度评价

根据表 3-6 碳汇聚和生态文明度的高中低分区范围结合图 3-4 所示的评价九宫图,将乡村碳汇和生态度划分为 9 个类型。其中,"高碳汇高生态文明度"为最优的类型,"低碳汇低生态文明度"为最需要改善和提升的类型。

表 3-6　碳汇生态文明度分区

	高区	中区	低区
人均碳汇量	≥0.6 t	0.1～0.6 t(含 0.1 t)	<0.1 t
生态文明度	≥80	60～80(含 60)	<60

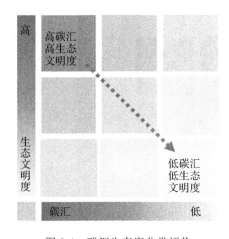

图 3-4　碳汇生态度分类评价

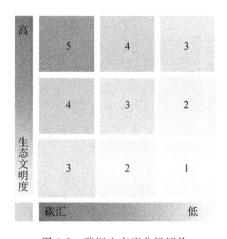

图 3-5　碳汇生态度分级评价

然后按五级定性评分方法对 9 个类型进行定性分级(图 3-5),最高为 5 分,最低为 1 分。最终得到乡村碳汇生态度综合评价结果,见表 3-7。5 分的可认为是表现优异的乡村,4 分的可认为是表现良好的乡村,3 分的可认为是表现中等的乡村,2 分的可认为是表现较差的乡村,1 分的可认为是表现差的乡村。

表 3-7　碳汇生态文明定性评分标准

分数	类型	等级
5	高碳汇高生态	优
4	高碳汇中生态、中碳汇高生态	良
3	高碳汇低生态、中碳汇中生态、低碳汇高生态	中
2	中碳汇低生态、低碳汇中生态	较差
1	低碳汇低生态	差

3.2.3　碳排生态度评价

根据碳排碳汇(表 3-4)和生态文明度(表 3-8)的高中低分区范围,结合图 3-6 所示的综合评价九宫图,将乡村碳排放和生态文明划分为 9 个类型。其中,"低碳排高生态文明度"为最优的类型,"高碳排低生态文明度"排为最需要改善和提升的类型。

表 3-8　碳排生态文明度分区

	高区	中区	低区
人均碳排量	≥3 t	2~3 t(含 2 t)	<2 t
生态文明度	≥80	60~80(含 60)	<60

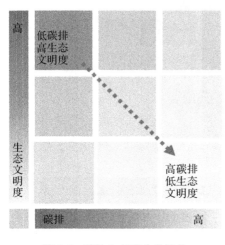

图 3-6　碳排生态度分类评价

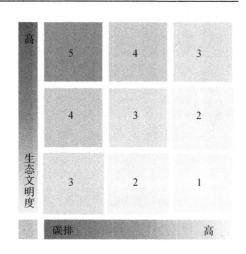

图 3-7　碳排生态度分级评价

然后按五级定性评分方法对 9 个类型进行定性分级(图 3-7),最高为 5 分,最低为 1 分。最终得到乡村碳汇生态度综合评价结果,如表 3-9 所示。5 分的可认为是表现优异的乡村,4 分的可认为是表现良好的乡村,3 分的可认为是表现中等的乡村,2 分的可认为是表现较差的乡村,1 分的可认为是表现差的乡村。

表 3-9　碳排生态文明度定性评分标准

分数	类型	等级
5	低碳排高生态	优
4	低碳排中生态、中碳排高生态	良
3	低碳排低生态、中碳排中生态、高碳排高生态	中
2	中碳排低生态、高碳排中生态	较差
1	高碳排低生态	差

3.3　本章小结

　　基于现有的低碳生态乡村研究评价指标和规划策略较为单一和片面,缺乏不同类型乡村的差异性体现,没有量化的评价数据支撑,评价结果无法和现有的政府职能部门对接的现状,本书针对长三角地区不同类型的乡村,根据政府部门的职能分工,采用定性和定量结合的方法,建立了综合考虑乡村碳排放、碳固定和生态度的长三角地区低碳生态乡村评价方法。

　　本章研究首先按长三角地区的地形地貌将乡村分为平原、丘陵、山地和海岛四类,考虑不同类型乡村特点,结合已有的文献和规范,筛选并建立了全面、可操作性强的指标体系框架和指标评价细则。

　　然后,邀请相关行业的专家进行问卷调查,通过 AHP 确定指标权重,以百分制的方式对评价结果进行划分,将乡村生态度分为高、中、低三区,建立了乡村生态度评价方法。

　　最后,将前章的乡村碳排放核算模型与乡村生态度评价方法相结合,通过定量测算与定性评估相结合的方式,对乡村碳汇、碳排、生态度 3 个维度的情况进行了全面的分析评价,建立了完整的低碳生态乡村评价体系,同时用图示的方式对评价结果进行了直观的展示,有利于评价体系的应用与推广。

4 案例乡村碳排放核算和分析

4.1 案例选择

4.1.1 案例区位

根据前文中长三角地区地形地貌的分类,本书在长三角地区平原、山地、丘陵、海岛4种不同地貌地形中各选取了具有区域产业代表性的2个乡村,共8个典型乡村作为低碳生态评价的研究案例(表4-1)。

其中,P1村和P2村位于杭嘉湖平原和江淮平原地区;M1村和M2村位于浙皖山地地区;H1村和H2村位于浙中丘陵地区;I1村和I2村位于浙东岛屿地区。

表 4-1　案例乡村区域位置

地貌	乡村	地理位置
平原区	P1 村	杭嘉湖平原
	P2 村	江淮平原
山地区	M1 村	浙皖山区
	M2 村	浙皖山区
丘陵区	H1 村	浙中丘陵
	H2 村	浙中丘陵
岛海区	I1 村	浙东岛屿
	I2 村	浙东岛屿

4.1.2 案例概况

案例乡村的基本情况见表4-2。乡村的产业类型不一,农业、渔业、养殖业、手工业、工业、旅游业皆有。人口规模最小的山地村只有608人,最大的P2村有2205人。

表 4-2　研究样本基本信息

乡村		产业类型	户数/元	人口/人	区域面积/km²	经济总产值/万元	人均收入/元
平原区	P1 村	农业、工业	324	1323	2.1	4075	25000
	P2 村	工业	792	2205	2.5	39500	21180
丘陵区	H1 村	农业	389	1043	3.02	280	12974
	H2 村	农业、手工业	457	1154	2.4	400	12956
海岛区	I1 村	旅游业	290	850	1.8	1300	20000
	I2 村	渔业、养殖业	348	925	0.573	11770	19396
山地区	M1 村	农业、手工业	179	608	4.4	1270	20823
	M2 村	农业、手工业	526	1648	5.9	1215	12100

(1) 平原区

P1 村全村区域面积 2.1 km²,总耕地面积 1239 亩。共有自然村 5 个,总户数 324 户,常住人口 1323 人。全村私营经济快速发展,现有投资 50 万元以上的个私企业 30 家,其他家庭式作坊 50 多户,主要从事纺织、童装、砂洗等产业。2014 年村经济总收入 4075 万元,村民人均收入 25000 元。

P2 村共有自然村 7 个,总户数 792 户,常住人口 2205 人。村内三条公路贯穿全村,交通便捷,区位优势明显。全村地域面积 2.5 km²,耕地面积 1108 亩,2014 年村经济总收入 39500 万元,村民人均收入 21180 元。

(2) 丘陵区

H1 村区域面积 3.02 km²,地理位置优越,离市区 11 km,距镇政府所在地 3 km。全村共有村民小组 5 个,农户 389 户,居民 1043 人;有耕地面积 785 亩。

H2 村区域面积 2.4 km²,农户 457 户,居民 1154 人,耕地面积 1119 亩。

(3) 海岛区

I1 村位于主岛南部沿海,全村 290 户,常住人口 850 人,村域面积 1.8 km²,其中森林面积 1609 亩,主要产业为旅游业,全村共有渔家乐 70 家,2014 年村民人均收入 20000 元。

I2 村位于东部列岛,全村 348 户,常住人口 925 人,村域面积 0.573 km²,主要产业为渔业和养殖业,贻贝养殖是该村的支柱产业,2014 年村民人均收入 19396 元。

(4) 山地区

M1 村全村共有农户 179 户,人口 608 人,辖 5 个自然村,地域面积 6817 亩。其中山林面积有 5000 余亩,而耕地仅 480 多亩,毛竹和茶叶是其主要的产业。

M2 村全村 526 户,常住人口 1648 人,村域面积 5.9 km²,其中森林面积 5600 亩,耕地面积 1700 亩,主产粮食、竹篓、苗木,铁皮枫斗等,2014 年村民人均收入为 12100 元。

4.2   调研过程

在 2014 年 12 月—2016 年 3 月,我们分别对平原区、丘陵区、山地区、岛屿区四大分区的案例乡村进行了实地调研,具体包括三个方面:①行政管理部门数据的收集;②现场调研数据的收集。通过现场调研、抽样调查等方式收集并汇总的数据;③估算数据。当上述两种数据都缺失时,由职能部门业务骨干或相关行业专家根据经验判断得出的数据。

4.2.1   管理部门数据查阅

行政管理部门数据的收集主要是对村级政府职能部门或者行业协会进行调研,获取管理部门的统计数据。在案例乡村的调研中,村民委员会作为基层的行政管理部门,对乡村基础数据具有准确的第一手资料。因此在 2015 年 7—8 月,我们走访了 8 个案例乡村的村民委员会和对口的公交公司,查阅和收集了相关数据(表 4-3),相关调查表见附录 3。

表 4-3   行政管理部门数据收集概况

调研数据内容	单位	数据来源	调研数据内容	单位	数据来源
乡村森林面积	亩	村民委员会	农田翻耕面积	亩	村民委员会
农作物秸秆还田量	t	村民委员会	乡村工业类型	—	村民委员会
草地面积	m²	村民委员会	各类工业产值	万元	村民委员会
湿地面积	m²	村民委员会	私家车拥有量	辆	村民委员会
每亩柴油用量	t	村民委员会	摩托车拥有量	辆	村民委员会
电力灌溉面积	亩	村民委员会	小货车拥有量	辆	村民委员会
村际公交车一天班次	次数	公交公司	年垃圾焚烧量	t	村民委员会
村际公交车单趟出行里程	km	公交公司	本村居民乘坐比例	%	公交公司

4.2.2   抽样问卷数据收集

(1) 样本量的确定

在简单随机抽样下,通常使用误差限和估计量的标准差来确定所需的样本量

（柯惠新、沈浩，2005）。总体均值估计量的标准差（抽样平均误差）的表达式为：

$$\mu_{\bar{X}} = \sqrt{(1-n/N)}\frac{\sigma}{\sqrt{n}} \qquad (4\text{-}1)$$

其中，σ 是总体标准差的估计值，N 为总量大小，n 为样本数量。

极限误差为

$$\Delta_{\bar{X}} = t\mu_{\bar{X}} = t\sqrt{(1-n/N)}\frac{\sigma}{\sqrt{n}} \qquad (4\text{-}2)$$

其中，$\Delta_{\bar{X}}$ 为允许的误差限，t 为置信水平。

从上式中解得：

$$n = \frac{t^2\sigma^2}{\Delta_{\bar{X}}^2 + \dfrac{t^2\sigma^2}{N}} \qquad (4\text{-}3)$$

其中，σ^2 可以用 $P(1-P)$ 得到，通常需要根据过去对类似总体所做的研究确定一个近似值或用样本指标代替。样本指标可采用 $P=0.5$，因为此时的方差最大。假设相对误差的标准偏差为 0.05，置信度为 90%，带入式（4-3）中，则 1000 个人中需要抽样的人数为 68。由于抽样的人数占比越多，调研结果的置信度就越高，因此我们根据案例乡村的实际情况，在保证置信度高于 90% 的前提下，做了尽可能多的入户问卷调查。

（2）抽样问卷调研概况

2015 年 1 月、6 月、7 月和 2016 年 3 月，我们对上述的 8 个乡村展开了抽样入户问卷调查，其中抽样问卷的数据收集内容见表 4-4，问卷是以单个家庭户为单位的（见附录 4）。

表 4-4　问卷调研主要内容

调研数据内容	单位	调研数据内容	单位
家庭年 LPG 消费量	瓶[①]	私家小汽车年里程	km
家庭年煤炭消费额	元[②]	摩托车年里程	km
家庭年秸秆消费量	t	小货车年里程	km
家庭年薪柴消费量	t	每户垃圾均日产出量	kg
家庭年沼气消费量	h	家庭年电力消费额	元[③]

注：①按每瓶 LPG14.5 kg 折算得到 LPG 用量；
　　②根据浙江农村煤炭当年价格，按每公斤煤炭 0.6 元折算得到用煤数据；
　　③根据浙江农村居民用电平均价格 0.55 元/kWh 进行折算得到用电数据。

抽样问卷调查的回收情况见表 4-5，问卷的抽样率在 $11\%\sim16.2\%$，发放问卷共 368 份，有效回收问卷 360 份，有效问卷涉及人口 1274 人，回收率在 96% 以上。

表 4-5   问卷调查基本情况

乡村	总人口	发放问卷数	有效问卷数	有效问卷涉及人口	抽样率/%	调研时间
P1 村	1323	50	49	194	14.7	2015 年 6 月
P2 村	2205	63	62	255	11.5	2015 年 6 月
H1 村	1043	40	40	146	14	2015 年 6 月
H2 村	1154	38	38	142	12.3	2015 年 7 月
M2 村	1648	53	51	180	11	2015 年 7 月
M1 村	608	25	23	91	15	2014 年 12 月
I1 村	850	53	51	116	13.6	2015 年 7 月
I2 村	925	46	46	150	16.2	2015 年 7 月
总计	9756	368	360	1274	13.54	2014—2015 年

4.2.3   经验估算数据获取

由于农用物资用量缺乏政府管理部门的统计数据,同时对农用物资的用量进行实测调研的难度较大。在 2015 年 6 月和 7 月,我们采访了当地的种粮大户,作为行业专家,对不同类型农田的平均农用物资用量进行了估算,估算结果见表 4-6。早晚稻田化肥尿素平均使用情况为 10 kg/(亩·季),复合肥使用情况为 20 kg/(亩·季);花木田尿素使用为 15 kg/(亩·季),复合肥使用情况为 20 kg/(亩·季)。农药使用量约为 1.5 kg/(亩·年);若有采用农膜的使用量约为 5 kg/(亩·年);若采用统一机械耕作,柴油使用量为 9 kg/(亩·年)。

表 4-6   长三角地区农田农用物资年平均用量估算结果

农用物资			用量/(kg/亩)
化肥	尿素	稻田	10
		花木田	15
	复合肥	稻田	20
		花木田	20
	农药		1.5
	农膜(若采用)		5
	柴油		9

4.3 调研结果

4.3.1 平原村碳排放结果分析

4.3.1.1 调研对象概况

2015 年 6 月,我们对 P1 村和 P2 村分别展开了部门数据收集、实地调研和问卷抽样调研。调查对象的基本情况见表 4-7 至表 4-10。以 P1 村为例,调研在工作日展开,所以 P1 村大多数的调研对象年龄大于 50 岁(69.4%)。由于村里的耕地统一承包给大户,受调研的老人极少务农,处于无业状态,其他受调研的主要职业类型为私营业主,占总数的 24.5%,主要从事纺织、童装等家庭作坊式加工。家庭规模中等,四五口人的家庭占大多数(46.9%)。三分之一以上的家庭 2014 年总年收入在 10 万~20 万之间,一半以上的家庭年收入超过 10 万(51%)。

表 4-7 调研对象年龄分布

乡村	30 岁及以下		30~40 岁(含 40 岁)		40~50 岁(含 50 岁)		50 岁以上	
	人数	比例	人数	比例	人数	比例	人数	比例
P1 村	3	6.1%	8	16.3%	4	8.2%	34	69.4%
P2 村	2	3%	10	16%	3	4%	47	76%

表 4-8 职业分布

乡村	务农		私营业主		企事业职员		自由职业		无业	
	人数	比例	人数	比例	人数	比例	人数	比例	人数	比例
P1 村	9	18.4%	12	24.5%	8	16.3%	4	8.2%	16	32.6%
P2 村	20	32%	15	24%	7	12%	5	8%	15	24%

表 4-9 家庭收入

乡村	3 万及元以下		3 万~5 万(含 5 万)		5 万~10 万(含 10 万)		10 万~20 万(含 20 万)		20 万~40 万(含 40 万)		40 万以上	
	户数	比例	户数	比例	户数	比例	户数	比例	户数	比例	户数	比例
P1 村	9	18.4%	3	6.1%	12	24.5%	18	36.7%	2	4.1%	5	10.2%
P2 村	11	18%	3	5%	18	29%	23	37%	0	0	7	11%

表 4-10   家庭规模

乡村	3 人及以下		4 至 5 人		6 人及以上	
	户数	比例	户数	比例	户数	比例
P1 村	19	38.8%	23	46.9%	7	14.3%
P2 村	20	32%	35	56%	7	12%

4.3.1.2   乡村碳排放情况

（1）碳汇

根据 P1 村和 P2 村村委会的调研统计数据,2014 年 P1 村的耕地面积为 1239 亩,林地面积为 200 亩,农作物秸秆还田量为 50%,按每亩水稻产 0.57 t 秸秆计算得到秸秆还田量为 100 t;P2 村耕地面积为 1108 亩,林地面积为 175 亩,农作物秸秆还田量为 0 t。因此,根据需求活动量、碳排放(汇)因子可得到 2014 年度两村生态环境的碳汇量(见表 4-11)。2014 年 P1 村 CO_2 汇聚量为 285.15 t;P2 村 CO_2 汇聚量为 27.57 t。

表 4-11   P1 村和 P2 村生态环境碳汇统计

碳汇影响因子	排放因子需求活动量		碳排放(汇)因子（以 CO_2 计）	碳汇量（以 tCO_2 计）		人均碳汇量（以 tCO_2 计）	
	P1	P2		P1	P2	P1	P2
林地	13.33 hm²	11.67 hm²	2.36 t/(hm²·a)	31.42	27.57	0.0238	0.0125
湿地	—		0.62 t/(hm²·a)	—			
草地	—		0.07 t/(hm²·a)	—			
秸秆还田	100 t	0	2.54 t/t	253.73	0	0.1888	0
总计	285.15	27.57		0.2126	0.0125		

（2）经济产业的碳排放

1)农业生产的碳排放

通过种粮大户的经验估算数据,依据 P1 村和 P2 村的耕地面积,对农业生产的碳排放量进行了统计,结果见表 4-12。因为 P1 村所有的农田灌溉均采用水渠灌溉的方式,所以该项的碳排放量非常少,在计算中可忽略不计。在六项农业生产活动中,化肥使用的 CO_2 排放量分别为 155.62 t(P1 村)和 139.16 t(P2 村),占所有农业活动碳排放量的 50% 以上,居首位;传统翻耕导致的 CO_2 排放量也不低,分别为 94.99 t(P1 村)和 84.87 t(P2 村),约占所有农业活动碳排放量的四分之一。而且不同的翻耕方式不但对碳排放量有直接影响,而且由于对化肥和农药的消耗量不同,从另一方面间接影响农业生产的碳排放量(West et al.,2002)。所以应考虑采用绿肥秸秆替代化肥,用天敌、轮作替代农药,用少耕免耕替代翻耕,采用可持续的农业运作方式减少 CO_2 的排放。

表 4-12 农业生产碳排放统计

碳排影响因子	需求活动量		排放因子	碳排放量(以 tCO_2 计)	
	P1	P2	(以 CO_2 计)	P1	P2
化肥(N)	49.56 t	44.32 t	3.14 t/t	155.62	139.16
化肥(P,K)	99.12 t	88.64 t	0.52 t/t	51.54	46
农药	1.86 t	1.66 t	18.09 t/t	33.65	30.03
农膜	0.62 t	0.555 t	18.99 t/t	11.77	10.54
翻耕	82.6 km²	73.8 km²	1.15 t/km²	94.99	84.87
电力灌溉	—(水渠)	73.8 km²	0.09 t/km²	—(水渠)	6.64
机械柴油	11.15 t	9.97 t	3.16 t/t	35.23	31.51
总计				382.8	348.75

2)第二、第三产业的碳排放

P1 村和 P2 村没有水泥和石灰类产业,因此不存在工业生产的直接排放,只需计算产业生产和运作过程中能源燃烧释放的 CO_2 量。根据调研,两村的工业生产产值和对应的碳排放情况见表 4-13。P1 村主要产业为小型手工业,2014 年工业生产碳排放量为 1244 t,第三产业碳排放量 13 t。P2 村以化工和五金业为主要产业,2014 年工业生产碳排放量为 85335 t,第三产业碳排放量为 27 t。

表 4-13 工业生产碳排放统计

村名	工厂类型	数目	年产值/万元	排放因子(t/万元)	CO_2 排放量/t	总计/t
P1 村	砂洗厂	1	800	0.83	664	
	包装厂	1	300	1.30	390	1257
	童装加工厂	30	170	1.12	190	
	零售店	1	15	0.89	13	
P2 村	化工厂	2	25000	2.57	64250	
	五金厂	9	7000	1.23	8610	
	塑料厂	2	5000	2.02	10100	85362
	家具厂	1	2500	0.95	2375	
	零售店	2	30	0.89	27	

(3) 建筑单体的碳排放

1) 建筑用能碳排放

我们对居民的建筑用能情况进行了抽样调查,根据抽样调查结果计算得到 P2 村和 P1 村抽样部分居民的人均建筑用能 CO_2 排放量,根据该人均建筑用能 CO_2 排放量对两村的总建筑用能碳排放进行估算,结果见表 4-14 和表 4-15。P1 村有相当一部分建筑底层为家庭式作坊,因此村人均建筑用能碳排放量较大 (1.007 t),其中居首位的是电能的消耗(60.08%),主要用于童装加工和日常家电使用;其次是薪柴的使用(27.8%),主要用于日常的厨灶。就地取材的便利性,无成本的经济性,以及对柴火烧饭的青睐使得薪柴的使用量居高不下。P2 村人均建筑用能碳排放量适中(0.81 t),排放源仅三种,其中居首位的是电力的使用,占总排放的一半以上(62.96%);其次是薪柴(29.6%)。

表 4-14　P1 村建筑用能碳排放统计

碳排影响因子	需求活动量(抽样 194 人)	人均活动量	排放因子(以 CO_2 计)	人均建筑用能碳排放量(tCO₂)	建筑用能碳排放总量(tCO₂)
电力	144879 kWh[①]	746.8 kWh	0.81×10^{-3} t/kWh	0.605 t	800.42 t
液化石油气	3.88t[②]	0.02 t	2.99 t/t	0.06 t	79.38 t
秸秆	9.7 t	0.05 t	1.247 t/t	0.062 t	82.03 t
薪柴	38.4 t	0.198 t	1.43 t/t	0.28 t	370.44 t
煤炭	—	—	2.68 t/t	—	—
总计				1.007 t	1332.27

注:①根据浙江农村居民用电平均价格 0.55 元/kWh 进行折算得到用电数据;
　　②按每瓶 14.5 kg 计算。

表 4-15　P2 村建筑用能碳排放统计

碳排影响因子	需求活动量(抽样 25 人)	人均活动量	排放因子(以 CO_2 计)	人均建筑用能碳排放量(tCO₂)	建筑用能碳排放总量(tCO₂)
电力	159500 kWh[①]	625.49 kWh	0.81×10^{-3} t/kWh	0.51 t	1124.6 t
液化石油气	4.67t[②]	0.0183 t	2.99 t/t	0.055 t	121.3 t
秸秆	1.122 t	0.0044 t	1.247 t/t	0.0055 t	12.1 t
薪柴	42.59 t	0.167 t	1.43 t/t	0.24 t	529.2 t
煤炭	—	—	2.68 t/t	—	—
总计				0.81 t	1787 t

注:①根据浙江农村居民用电平均价格 0.55 元/kWh 进行折算得到用电数据;
　　②按每瓶 14.5 kg 计算。

2）建筑用水碳排放

P1 村的村民全部使用自来水，人均碳排放量为 0.014 t。P2 村也全部普及了自来水，但是部分村民同时使用手压井水补充，调研的 49 户农户中 26 户同时使用自来水和手压井水，本书将手压井水看作零排碳的水利用方式，因此仅对自来水用水的碳排放量进行计算，计算结果见表 4-16，P2 村建筑用水人均碳排放量为0.012 t。

表 4-16   建筑用水碳排放统计

乡村	需求活动量（抽样 194/255 人）	人均需求活动量	排放因子（以 CO_2 计）	人均建筑用水碳排放量（以 CO_2 计）	建筑用水碳排放总量（以 CO_2 计）
P1	9253.8 t[①]	47.7 t	0.3 kg/t	0.014 t	18.93 t
P2	10251 t[①]	40.2 t	0.3 kg/t	0.012t	26.61 t

注：① 根据长三角地区农村当年居民用水平均价格 2.3 元/t 进行折算得到用水数据。

（4）基础设施的相关碳排放

1）道路交通碳排放

P1 村全村有两条公交线路经过，车型为 28 座大巴，一天 8 班，单程 8 km，全年的里程数为 23360 km，本村村民乘车比例约为 1/15。全村有小汽车 250 辆，摩托车 50 辆，小货车（拖拉机）6 辆，年平均里程数可参考抽样调研结果（表 4-17）。

P2 村全村有两条公交线路经过，车型为 28 座大巴，一天 8 班，单程 10 km，全年的里程数为 29200 km，本村所占的人数比例约为 2/7。全村有小汽车 450 辆，摩托车 50 辆，小货车 30 辆，全村综合年平均里程数可参考抽样调研结果（表 4-17）。

表 4-17   机动车里程数统计

机动车	小汽车		小货车		摩托车		大巴	
	P1	P2	P1	P2	P1	P2	P1	P2
统计里程数/km	201840	511448	21840	55000	48776	40500	23360	29200
统计拥有量/辆	24	38	2	5	10	10	1/14	4/14
单辆平均里程数/km	8410	14612.8	10920	11000	4877.6	4050	1557.5	8342.9
总拥有量/辆	250	450	6	30	50	50	2	2
总里程数/km	2102500	6575760	65520	330000	243880	202500	3337	16686
人均里程数/km	1589.2	2982.2	49.5	149.7	184.3	91.8	2.52	7.57

根据相关碳排放因子计算可得道路交通碳排放数据见表 4-18 和表 4-19。P2 村的道路交通人均碳排放量为 0.640 t，远高于 P1 村的 0.336 t，私家车排放占道路交通碳排放的大多数，两村均占 99% 以上。道路交通碳排放量主要是取决于该村与市区的距离、该村的产业类型，以及村内居民的生活水平（人均 GDP）。

表 4-18　P1 村道路交通碳排放

| 碳排放影响因子 | 人均里程 /10^2 km | 油耗类别 | 百公里油耗 | | 人均需求活动量/t | 碳排放因子/(t/t) | 人均碳排放量(以 tCO_2 计) |
			体积/L	重量/10^{-3} t			
小汽车	15.892	汽油	8.97	6.5	0.103	2.99	0.3089
小货车	0.495	柴油	12.6	10.458	0.005	3.16	0.0164
摩托车	1.843	汽油	2.08	1.5	0.003	2.99	0.0083
大巴	0.0252	柴油	33	27.38	0.001	3.16	0.0022
总计							0.336

表 4-19　P2 村道路交通碳排放

| 碳排放影响因子 | 人均里程 /10^2 km | 油耗类别 | 百公里油耗 | | 人均需求活动量/t | 碳排放因子/(t/t) | 人均碳排放量(以 tCO_2 计) |
			体积/L	重量/10^{-3} t			
小汽车	29.822	汽油	8.97	6.5	0.194	2.99	0.580
小货车	1.497	柴油	12.6	10.5	0.016	3.16	0.049
摩托车	0.918	汽油	2.08	1.5	0.001	2.99	0.004
大巴	0.0757	柴油	33	27.4	0.002	3.16	0.007
总计							0.640

2)废弃物碳排放

P1 村和 P2 村的固体废弃物焚烧量为零,因此仅计算废水处理的 CO_2 排放量。根据江苏省建设厅文件《农村生活污水处理技术指南(2008 年试行版)》中规定,经济条件较好、室内卫生设施较齐全的农村居民用水量约为 100L/(人·日),生活污水的排放量一般为总用水量的 75%～90%,本书取中值 82.5%,计算可得 P1 村和 P2 村人均年废水排放量均为 30 m^3。根据污水处理排放因子计算可得 P1 村和 P2 村人均生活污水处理的碳排放量均为 0.00723 t(表 4-20)。

表 4-20　平原村废水碳排放统计

乡村	人均废水排放量	排放因子 (以 CO_2 计)	人均碳排放量/t	人口	废水处理碳排放量 (以 CO_2 计)
P1 村	30 m^3	0.241 kg/m^3	0.00723	1323	9.56 t
P2 村	30 m^3	0.241 kg/m^3	0.00723	2205	15.94 t

4.3.1.3　乡村碳排放结果分析

P1 村 2014 年的 CO_2 碳汇量为 285.15 t,人均碳汇量为 0.14 t。同时,根据统计结果可计算得到 P1 村 2014 年度的 CO_2 排放总量为 3445.1 t,人均 CO_2 排放量为 2.604 t。综合可得 P1 村 2014 年的总碳排放量为 3159.95 t,人均碳排放量为

2.464 t。在七大碳排放影响因子中，建筑用能影响最大，占总排放量的 38.67%，其次是工业生产，占 36.11%（表 4-21）。

表 4-21 P1 村 2014 年碳排放统计

影响因子		碳排放量/t		人均碳排放量/t		百分比/%	
经济产业	农业生产	382.8		0.289		11.11	
	工业生产	1244.0	1639.8	0.940	1.239	36.11	47.60
	第三产业	13.0		0.010		0	
居住建筑	建筑用能	1332.3	1351.2	1.007	1.021	38.67	39.22
	建筑用水	18.9		0.014		0.55	
基础设施	道路交通	444.5	454.1	0.336	0.343	12.90	13.18
	废弃物处理	9.6		0.007		0.28	
总计		3445.1		2.604		100.00	

P2 村 2014 年的 CO_2 碳汇量为 27.57 t，人均碳汇量为 0.0125 t。同时，根据统计结果可计算得到 P2 村 2014 年度的 CO_2 排放总量为 79860.5 t，人均 CO_2 排放量为 36.218 t。综合可得 P2 村 2014 年的总碳排放量为 79832.9 t，人均碳排放量为 36.2 t（表 4-23）。因为该村工业生产的年产值较高，导致经济产业用能影响最大，占总排放量的 95.94%，在七大碳排放影响因子中，工业产业占 95.47%，其次是建筑用能，占 2.24%（表 4-22）。

表 4-22 P2 村 2014 年碳排放统计

影响因子		碳排放量/t		人均碳排放量/t		百分比/%	
经济产业	农业生产	348.8		0.158		0.44	
	工业生产	76245.0	76620.8	34.578	34.749	95.47	95.94
	第三产业	27.0		0.012		0.03	
居住建筑	建筑用能	1787.0	1812.6	0.810	0.822	2.24	2.27
	建筑用水	26.6		0.012		0.03	
基础设施	道路交通	1411.2	1427.1	0.640	0.647	1.77	1.79
	废弃物处理	15.9		0.007		0.02	
总计		79860.5		36.218		100.00	

表 4-23 平原村 2014 年碳汇碳排综合统计

村	人均碳汇量/t	人均碳排放量/t	综合人均碳排放/t
P1 村	−0.14	2.604	2.464
P2 村	−0.0125	36.218	36.2

4.3.2   丘陵区碳排放结果分析

4.3.2.1   调研对象概况

2015 年 7 月,研究对位于丘陵区的 H1 和 H2 两个乡村分别展开了部门数据收集、实地调研和问卷抽样调研。入户调查对象的基本情况如下表 4-24～表 4-27 所示,调研在工作日展开,所以村中大多数的调研对象年龄大于 50 岁;由于村里的主要产业是农业、没有工业和手工业,因此调研对象中主要职业类型为私营业主的对象最少,分别占总数的 10%(H1 村)和 5.3%(H2 村);丘陵区乡村调研对象家庭规模不大;三分之一以上的 2014 年家庭总年收入在 3 万～5 万,收入低于平原乡村。

表 4-24   调研对象年龄分布

乡村	30 岁及以下		30～40 岁(含 40 岁)		40～50 岁(含 50 岁)		50 岁以上	
	人数	比例	人数	比例	人数	比例	人数	比例
H1 村	0	0	0	0	2	5%	38	95%
H2 村	4	10.5%	0	0	6	15.8%	28	73.7%

表 4-25   职业分布

乡村	务农		私营业主		企事业职员		自由职业		无业	
	人数	比例	人数	比例	人数	比例	人数	比例	人数	比例
H1 村	14	35%	4	10%	14	35%	6	15%	2	5%
H2 村	10	26.3%	2	5.3%	10	26.3%	6	15.8%	10	26.3%

表 4-26   家庭收入

乡村	3 万元及以下		3 万～5 万(含 5 万元)		5 万～10 万(含 10 万元)		10 万～20 万(含 20 万元)		20 万～40 万(含 40 万元)		40 万以上	
	户数	比例	户数	比例	户数	比例	户数	比例	户数	比例	户数	比例
H1 村	4	10%	14	35%	8	20%	8	20%	2	5%	4	10%
H2 村	4	10.5%	12	31.6%	8	21%	6	16.25%	4	10.5%	4	10.5%

表 4-27   家庭规模

乡村	3 人及以下		4 或 5 人		6 人及以上	
	户数	比例	户数	比例	户数	比例
H1 村	16	40%	14	35%	10	25%
H2 村	10	26.3%	19	50%	6	23.7%

4.3.2.2 乡村碳排放情况

(1) 生态环境的碳汇

H1 村和 H2 村林地碳汇量分别为 448.40 t 和 236 t;同时,H2 村具有较高的秸秆还田率,年秸秆还田碳汇量达到了 113.79 t(表 4-28)。

表 4-28　H1 村和 H2 村生态环境碳汇统计

碳汇影响因子	排放因子需求活动量		碳排放(汇)因子/(t/hm²·a)(t/t)	碳汇量(tCO₂)		人均碳汇量(tCO₂)	
	H1 村	H2 村		H1 村	H2 村	H1 村	H2 村
林地	190hm²	100hm²	2.36	448.40	236.00	0.43	0.2
湿地	—	—	0.62	—			
草地			0.07				
秸秆还田	0	44.8t	2.54	0.00	113.79	0	0.0986
总计				448.40	349.79	0.43	0.2986

(2) 经济产业的碳排放

1)农业生产的碳排放

2014 年 H1 村和 H2 村农业生产活动的相关碳排放数据见表 4-29。氮肥消耗的碳排放量最高,农膜用量为零。

表 4-29　丘陵村农业生产碳排放统计

碳排影响因子	需求活动量		排放因子/(t/t)(t/km²)	碳排放量/t		人均碳排放量/t	
	H1 村	H2 村		H1 村	H2 村	H1 村	H2 村
化肥(N)	36.1t	51.43t	3.14	113.35	161.49	0.11	0.14
化肥(P,K)	62.8t	89.52t	0.52	32.66	46.55	0.03	0.04
农药	1.18t	1.68t	18.09	21.35	30.39	0.02	0.03
农膜	0	0	18.99	0.00	0.00	0.02	0.03
翻耕	52.36km²	74.6km²	1.15	60.21	85.79	0.06	0.07
电力灌溉	52.36km²	0	0.09	4.71	0.00	0.02	0.03
机械柴油	7t	10t	3.16	22.12	31.60	0.02	0.03
总计				254.40	355.82	0.24	0.31

2)第二、第三产业的碳排放

H1 村和 H2 村没有水泥和石灰类产业,因此不存在工业生产的直接排放,只需计算产业生产和运作过程中能源的燃烧释放的 CO_2 量。根据调研,两村没有工业产业,分别有 2 家和 3 家零售店,生产产值和对应的碳排放情况见表 4-30。

表 4-30   丘陵村工业和第三产业碳排放统计

村名	工厂类型	数目	年产值/万元	排放因子/(t/万元)	CO_2 排放量/t	人均碳排放/t
H1 村	零售店	2	10	0.89	8.9	0.01
H2 村	零售店	3	15	0.89	13.35	0.01

(3) 建筑单体的碳排放

1) 建筑用能碳排放

研究对居民的建筑用能情况进行了抽样调查,根据抽样调查结果计算得到 H1 村和 H2 村抽样部分居民的人均建筑用能 CO_2 排放量,根据该人均建筑用能 CO_2 排放量对两村的总建筑用能碳排放进行估算,结果见表 4-31 和表 4-32,H1 村建筑用能人均碳排放量为 1.448 t,H2 村建筑用能人均碳排放量为 1.69 t,其中薪柴消耗碳排放是所有能源消耗碳排放中最高的。

表 4-31   H1 村建筑用能碳排放统计

碳排影响因子	需求活动量（抽样 146 人）	人均活动量	排放因子/(t/kWh)(t/t)	人均建筑用能碳排放量（tCO_2）	建筑用能碳排放总量（tCO_2）
电力	75146kWh	514.699kWh	0.00081t/kWh	0.42	651.62
液化石油气	2.8t	0.02t	2.99t(CO_2)/t	0.057	89.63
秸秆	0	0	1.247tCO_2/t	0	0
薪柴	99.4t	0.68t	1.43t(CO_2)/t	0.974	1521.70
沼气	0	0	11.7t/h	0.000	0
煤炭	0	0	2.68t/h	0	0
总计				1.448	2262.95

表 4-32   H2 村建筑用能碳排放统计

碳排影响因子	需求活动量（抽样 142 人）	人均活动量	排放因子(t/kWh)(t/t)	人均建筑用能碳排放量（tCO_2）	建筑用能碳排放总量（tCO_2）
电力	92926kWh	654.41kWh	0.00081t/kwh	0.53	611.70
液化石油气	2.6t	0.028t	2.99	0.061	63.18
秸秆	0	0	1.25	0	0
薪柴	109.66t	0.77t	1.43	1.1	1274.39
沼气	0	0	11.7	0	0
煤炭	0	0	2.68	0	0.00
总计				1.69	1949.27

2) 建筑用水碳排放

H1 村调研的 40 户农户中 28 户只使用自来水,4 户仅使用井水,其中 8 户自来水和井水综合使用,本书将井水看作零排碳的水利用方式,因此仅对自来水用水的碳排放量进行计算,计算结果见表 4-33,建筑用水人均碳排放量为 0.009 t,总碳排放量为 14.62 t。

H2 村调研的 38 户农户中 22 户只使用自来水,2 户仅使用山水,2 户仅使用井水,12 户自来水和井水综合使用,仅对自来水用水的碳排放量进行计算,计算结果见表 4-33,建筑用水人均碳排放量为 0.011 t,总碳排放量为 17.37 t。

表 4-33　丘陵村建筑用水碳排放统计

乡村	抽样需求活动量/t	人均需求活动量	排放因子/(kg/t)	人均建筑用水碳排放量/t	建筑用水碳排放总量/t
H1 村	2158	29.56	0.3	0.009	14.62
H2 村	2495	35.14	0.3	0.011	17.37

注:根据长三角地区农村居民用水平均价格 2.3 元/t 进行折算得到用水数据。

(4) 基础设施的相关碳排放

1) 道路交通碳排放

H1 村全村有一条公交线路经过,车型为 22 座中巴,一天四班,单程 22km,全年的里程数为 32120km,本村村民的乘车比例约为 3/20。全村有小汽车 155 辆,摩托车 10 辆,年平均里程数可参考抽样调研结果(表 4-34)。

H2 村全村有一条公交线路经过,车型为 22 座中巴,一天四班,单程 22km,全年的里程数为 32120km,本村村民的乘车比例约为 7/20。全村有小汽车 50 辆,摩托车 30 辆,小货车 5 辆,年平均里程数可参考抽样调研结果(表 4-34)。

表 4-34　丘陵村机动车里程数统计

机动车	小汽车		小货车		摩托车		中巴	
	H1 村	H2 村	H1 村	H2 村	H1 村	H2 村	H1 村	H2 村
抽样里程数/km	201870	42750	0	15400	1825	1900	32120	32120
抽样拥有量/辆	11	4	0	1	1	4	0.15	0.35
单辆平均里程数/km	18352	10688	0	15400	1825	475	4818	11242
总拥有量/辆	155	50	0	5	10	30	1	1
总里程数/km	2844560	534400	0	77000	18250	14250	4818	11242
人均里程数/km	2727	463	0	66.7	18	12.35	5	10

根据相关碳排放因子计算可得道路交通碳排放数据,见表 4-35 和表 4-36。小

汽车碳排放是交通碳排放中最高的,H1 村的小汽车拥有率远高于 H2 村,因此 H1 村的交通碳排放量远高于 H2 村,人均碳排放量为 0.532 t,H2 村的交通人均碳排放仅为 0.093 t。

表 4-35　H1 村道路交通碳排放

| 碳排放影响因子 | 人均里程/10^2 km | 油耗类别 | 百公里油耗 | | 人均需求活动量/t | 碳排放因子/(t/t) | 人均碳排放量（以 tCO_2 计） |
			体积/L	重量/10^{-3} t			
小汽车	27.27	汽油	8.97	6.5	0.177	2.99	0.530
小货车	0	柴油	12.6	10.458	0.000	3.16	0.000
摩托车	0.18	汽油	2.08	1.5	0.0003	2.99	0.001
中巴	0.05	柴油	9.4	7.8	0.0004	3.16	0.001
总计							0.532

表 4-36　H2 村道路交通碳排放

| 碳排放影响因子 | 人均里程/10^2 km | 油耗类别 | 百公里油耗 | | 人均需求活动量/t | 碳排放因子/(t/t) | 人均碳排放量（以 tCO_2 计） |
			体积/L	重量/10^{-3} t			
小汽车	4.63	汽油	8.97	6.5	0.030	2.99	0.090
小货车	0	柴油	12.6	10.458	0.000	3.16	0.000
摩托车	0.18	汽油	2.08	1.5	0.0003	2.99	0.001
中巴	0.097	柴油	9.4	7.8	0.0008	3.16	0.002
总计							0.093

2)废弃物碳排放

H1 村和 H2 村的固体废弃物焚烧量为零,因此仅计算废水处理的 CO_2 排放量。根据江苏省建设厅文件《农村生活污水处理技术指南（2008 年试行版）》中规定,经济条件较好、室内卫生设施较齐全的农村居民用水量约为 100 L/(人·日),生活污水的排放量一般为总用水量的 75%～90%,本书取值 82.5%,计算可得 H1 村和 H2 村人均年废水排放量为 30 m^3（表 4-37）。根据污水处理排放因子计算可得 H1 村和 H2 村人均生活污水处理的碳排放量为 7.54t 和 8.34t。

表 4-37　丘陵村废水碳排放统计

乡村	人均废水排放量/m^3	排放因子（以 CO_2 计）	人均碳排放量/t	人口/人	废水处理碳排放量（以 CO_2 计）
H1 村	30	0.241 kg/m^3	0.00723	1043	7.54 t
H2 村	30	0.241 kg/m^3	0.00723	1154	8.34 t

4.3.2.3　乡村碳排放结果分析

根据统计结果可计算得到 H1 村 2014 年度 CO_2 排放总量为 3097.9 t,人均 CO_2 排放量为 2.970 t。在七大碳排放影响因子中,建筑用能影响最大,占总排放量的 73.05%。其次是道路交通,占 17.91%,主要因为该村的公交线路班次较少,私家车的使用率(年里程数)很高。同时,由于 H1 村居民山水的使用率较高,且固体废弃物焚烧量为零,因此建筑用水和废弃物处理的碳排放量非常小(表 4-38)。

表 4-38　H1 村 2014 年碳排放统计

	影响因子	碳排放量/t		人均碳排放量/t		百分比/%	
经济产业	农业生产	254.4		0.244		8.21	
	工业生产	0.0	263.3	0.000	0.252	0.00	8.50
	第三产业	8.9		0.009		0.002873	0.29
居住建筑	建筑用能	2263.0		2.170		73.05	
	建筑用水	9.250	2272.2	0.009	2.179	0.30	73.35
基础设施	道路交通	554.9		0.532		17.91	
	废弃物处理	7.5	562.4	0.007	0.539	0.24	18.15
总计		3097.9		2.970		100.00	

H2 村 2014 年度 CO_2 排放总量为 2446.2 t,人均 CO_2 排放量为 2.120 t(表 4-39)。在七大碳排放影响因子中,建筑用能影响最大,占总排放量的 79.68%。其次是农业生产,占 14.55%。同时,由于 H2 村居民山水的使用率较高,且固体废弃物焚烧量为零,因此建筑用水和废弃物处理的碳排放量非常小,仅占总排放量的 0.50% 和 0.34%。

表 4-39　H2 村 2014 年碳排放统计

	影响因子	碳排放量/t		人均碳排放量/t		百分比/%	
经济产业	农业生产	355.8		0.308		14.55	
	工业生产	0.0	369.12	0.000	0.320	0.00	15.09
	第三产业	13.3		0.012		0.54	
居住建筑	建筑用能	1949.3		1.689		79.68	
	建筑用水	12.17	1961.4	0.011	1.700	0.50	80.18
基础设施	道路交通	107.3		0.093		4.39	
	废弃物处理	8.3	115.7	0.007	0.100	0.34	4.73
总计		2446.2		2.120		100.00	

如表 4-40 所示，丘陵村拥有相对丰富的山林资源，H1 村 2014 年的 CO_2 碳汇量为 448.4 t，人均碳汇量为 0.43 t；H2 村 2014 年的 CO_2 碳汇量为 349.79 t，人均碳汇量为 0.3 t。综合人均碳排放量 H2 村比 H1 村略低，为 1.82 t。

表 4-40　丘陵村 2014 年碳汇碳排综合统计

村	人均碳汇量/t	人均碳排放量/t	综合人均碳排放/t
H1 村	0.43	2.97	2.54
H2 村	0.3	2.12	1.82

4.3.3　海岛区碳排放结果分析

4.3.3.1　调研对象概况

本书在浙东近海及岛屿区选择了 I1 村和 I2 村两个乡村展开了碳排放调研工作。入户问卷调查对象的统计概况见表 4-41～表 4-44 所示，由于 I2 村有较多中青年在当地养殖贻贝，调研对象的年龄分布与其他乡村相比更为均衡一些；I1 村渔家乐发展较好，1/3 以上的调研对象是渔家乐经营者，I2 村 1/3 以上的调研对象是以渔业养殖和渔业捕捞为生；海岛乡村 1/3 以上的调研家庭年收入在 5 万～10 万；家庭规模普遍较小。

表 4-41　海岛村调研对象年龄分布

乡村	30 岁及以下		30～40 岁(含 40 岁)		40～50 岁(含 50 岁)		50 岁以上	
	人数	比例	人数	比例	人数	比例	人数	比例
I1 村	0	0	6	11.8%	11	21.6%	34	66.6%
I2 村	4	8.6%	6	13%	18	39.2%	18	39.2%

表 4-42　海岛村职业分布

乡村	务农(渔业)		私营业主		企事业职员		自由职业		无业	
	人数	比例	人数	比例	人数	比例	人数	比例	人数	比例
I1 村	12	23.6%	18	35.3%	7	13.7%	7	13.7%	7	13.7%
I2 村	18	39.2%	6	13%	8	21.8%	8	13%	6	13%

表 4-43　海岛村家庭收入

乡村	3 万元及以下		3 万～5 万(含 5 万)		5 万～10 万(含 10 万)		10 万～20 万(含 20 万)		20 万～40 万(含 40 万)		40 万以上	
	户数	比例	户数	比例	户数	比例	户数	比例	户数	比例	户数	比例
I1 村	12	23.5%	9	17.7%	18	35.3%	8	15.7%	2	3.9%	2	3.9%
I2 村	10	21.7%	6	13%	18	39.2%	10	21.7%	0	0	2	4.4%

表 4-44　海岛村家庭规模

乡村	3 人及以下		4 至 5 人		6 人及以上	
	户数	比例	户数	比例	户数	比例
I1 村	28	54.9%	17	33.3%	6	11.8%
I2 村	20	43.4%	24	52.2%	2	4.4%

4.3.3.2　乡村碳排放情况

(1) 生态环境的碳汇

海岛乡村的碳汇资源比较匮乏,I1 村的碳汇为 253.23 t,主要来自林地。而位于偏远海岛的小乡村 I2,陆地生态资源非常匮乏,没有林地、草地和耕地,碳汇非常少,接近于 0(表 4-45)。

表 4-45　I1 村和 I2 村生态环境碳汇统计

碳汇影响因子	排放因子需求活动量		碳排放(汇)因子/	碳汇量(tCO_2)		人均碳汇量(tCO_2)	
	I1 村	I2 村	(t/hm²·a)(t/t)	I1 村	I2 村	I1 村	I2 村
林地	107.3hm²	0	2.36	253.23	0.00	0.298	0
湿地			0.62	—			
草地			0.07				
秸秆还田			2.54				
	总计			253.23	0.00	0.298	0

(2) 经济产业的碳排放

1)渔业生产的碳排放

I1 村 2014 年渔业年产值 200 万元,I2 村渔业产值 11761 万元,渔业捕捞和渔业养殖的碳排放主要体现在渔船和养殖船的柴油消耗方面。I1 村全村有 12 马力养殖船 18 艘,I2 村全村有 12 马力养殖船 226 艘,80 马力以上渔船 19 艘。I1 村渔业人均碳排放量为 0.058 t,I2 村渔业人均碳排放量非常高为 2.623 t(表 4-46、表 4-47)。

表 4-46　I1 渔业生产碳排放统计

碳排放影响因子	取样柴油平均消耗量/t	本村船数	油耗类别	全村柴油消耗量/t	碳排放因子/(t/t)	碳排放量(以 tCO_2 计)	人均碳排放量(以 tCO_2 计)
养殖船	0.865	18	柴油	15.570	3.16	49.201	0.058
渔船	0	0	柴油	0	3.16	0	0
		总计					0.058

表 4-47　I2 村渔业生产碳排放统计

碳排放影响因子	取样柴油平均消耗量/t	本村船数	油耗类别	全村柴油消耗量/t	碳排放因子/(t/t)	碳排放量(以 tCO_2 计)	人均碳排放量(以 tCO_2 计)
养殖船	0.8875	226	柴油	200.575	3.16	633.817	0.685
渔船	29.861	19	柴油	567.359	3.16	1792.85	1.938
				总计			2.623

2)工业和第三产业生产的碳排放

I1 村和 I2 村没有水泥和石灰类产业,因此不存在工业生产的直接排放,只需计算产业生产和运作过程中能源燃烧释放的 CO_2 量。根据调研,I1 村没有工业,主要产业为渔家乐,根据抽样调研的 14 户渔家乐的平均能源使用量对全村 70 户渔家乐碳排放总量进行了计算,CO_2 排放量为 222.07 t(表 4-48)。

表 4-48　I1 村建筑渔家乐用能碳排放统计

碳排影响因子	需求活动量(抽样 14 户)	户均活动量/t	排放因子/t	户均建筑用能碳排放量/(tCO_2)	70 户渔家乐用能碳排放总量/(tCO_2)
电力	28254.20kWh	2018.16kwh	0.00081t/kwh	1.64	114.43
液化石油气	7.20t	0.51t	2.99t(CO_2)/t	1.54	107.64
秸秆		0	1.25t(CO_2)/t	0	0
薪柴		0	1.43t(CO_2)/t	0.000	0.00
沼气		0	11.70t(CO_2)/h	0.000	0.00
煤炭		0	2.68t/t	0	0
	总计			3.18	222.07

将渔家乐的碳排放总量计入第三产业碳排放统计表中,计算得到 I1 村第三产业的人均碳排放量为 0.308 t,I2 村为 0.0096 t(表 4-49)。

表 4-49　海岛村第三产业碳排放统计

村名	产业类型	数目	年产值/万元	排放因子/(t/万元)	CO_2 排放量/t	人均碳排放量/t
	零售店	2	45	0.89	40.05	0.047
I1 村	渔家乐	70	—	—	222.07	0.261
	总计					0.308
I2 村	零售店	1	10	0.89	8.9	0.0096

（3）建筑单体的碳排放

1）建筑用能碳排放

研究对居民的建筑用能情况进行了抽样调查,根据抽样调查结果计算得到 I1 村和 I2 村抽样部分居民的人均建筑用能 CO_2 排放量,根据该人均建筑用能 CO_2 排放量对两村的总建筑用能碳排放进行估算,结果见表 4-50 和表 4-51,I1 村和 I2 村的人均建筑用能 CO_2 排放量分别为 0.75 t 和 0.63 t。

表 4-50　I1 村建筑居民用能碳排放统计

碳排影响因子	需求活动量(抽样116人)	人均活动量	排放因子/(t/kWh)(t/t)	人均建筑用能碳排放量/(tCO_2)	建筑用能碳排放总量/(tCO_2)
电力	94728.732kwh	816.63	0.00081	0.66	562.25
液化石油气	3.48t	0.03	2.99	0.09	76.55
秸秆	0	0	1.25	0	0
薪柴	0	0	01.43	0	0.00
沼气	0	0	11.70	0	0.00
煤炭	0	0	2.68	0	0
总计				0.75	638.80

表 4-51　I2 村建筑用能碳排放统计

碳排影响因子	需求活动量(抽样150人)	人均活动量	排放因子/(t/kWh)(t/t)	人均建筑用能碳排放量/(tCO_2)	建筑用能碳排放总量/(tCO_2)
电力	103544kwh	690.29kwh	0.00081	0.56	517.20
液化石油气	3.2t	0.02t	2.99	0.06	59.00
秸秆	0	0.00	1.25	0	0.00
薪柴	0.608t	0.004t	1.43	0.01	5.36
沼气	0	0.00	11.7	0.000	0.00
煤炭	0	0.00	2.68	0.000	0
总计				0.63	581.57

2）建筑用水碳排放

根据调研计算结果(表 4-52),I1 村和 I2 村人均用水碳排放量分别为 0.020 t 和 0.013 t。

表 4-52　海岛村建筑用水碳排放统计

乡村	抽样需求活动量/t	人均需求活动量/t	排放因子/(kg/t)	人均建筑用水碳排放量/t	建筑用水碳排放总量/t
I1 村	7582.92	65.37	0.3	0.020	16.67
I2 村	6268.5	41.79	0.3	0.013	11.60

(4) 基础设施的相关碳排放

1) 道路交通碳排放

I1 村全村有一条公交线路经过,车型为 18 座中巴,一天 12 班,单程 20 km,全年的里程数为 87600 km,本村所占的人数比例约为 1/5。全村有小汽车 40 辆,小货车(拖拉机)10 辆,12 马力小船 18 艘。I2 村全村有一条公交线路经过,车型为 18 座中巴,一天 3 班,单程 16 km,全年的里程数为 17520 km,本村所占的人数比例约为 100%。全村有 12 马力养殖船 226 艘,80 马力以上渔船 19 艘,小汽车 9 辆。船只主要用作渔业养殖和渔业捕捞,计入经济产业碳排放中,本项仅计算车辆的碳排放。两个乡村的年平均里程数可参考抽样调研结果(表 4-53)。

表 4-53　海岛村机动车里程数统计

机动车	小汽车		小货车		中巴	
	I1 村	I2 村	I1 村	I2 村	I1 村	I2 村
抽样里程数/km	26136	10200	64413	0	87600	17520
抽样拥有量/辆	5	2	3	0	0.25	1
单辆平均里程数/km	5227	5100	21471	0	21900	17520
总拥有量/辆	40	9	10	0	1	1
总里程数/km	209088	45900	214710	0	21900	17520
人均里程数/km	246	50	253	0	26	19

根据相关碳排放因子计算可得道路交通碳排放数据,见表 4-54、表 4-55。海岛村的交通碳排放量相对其他乡村低很多。I1 村和 I2 村人均交通碳排放量分别为 0.138 t 和 0.014 t。

2) 废弃物碳排放

I1 村和 I2 村的固体废弃物焚烧量为零,因此仅计算废水处理的 CO_2 排放量。根据江苏省建设厅文件《农村生活污水处理技术指南(2008 年试行版)》中规定,经济条件较好、室内卫生设施较齐全的农村居民用水量约为 100(人·日),生活污水的排放量一般为总用水量的 75%～90%,本书取值 82.5%,计算可得 I1 村和 I2 村人均年废水排放量为 30 m³。根据污水处理排放因子计算可得 I1 村和 I2 村人均生活污水处理的碳排放量为 6.14 t 和 6.68 t(表 4-56)。

表 4-54　I1 村道路交通碳排放

| 碳排放影响因子 | 人均里程/ 10^2 km | 油耗类别 | 百公里油耗 | | 人均需求活动量/t | 碳排放因子/(t/t) | 人均碳排放量（以 tCO_2 计） |
			体积/L	重量/10^{-3}t			
小汽车	2.46	汽油	8.97	6.5	0.016	2.99	0.048
小货车	2.53	柴油	12.6	10.458	0.026	3.16	0.084
摩托车	0	汽油	2.08	1.5	0.000	2.99	0.000
中巴	0.26	柴油	9.4	7.8	0.002	3.16	0.006
总计							0.138

表 4-55　I2 村道路交通碳排放

| 碳排放影响因子 | 人均里程/ 10^2 km | 油耗类别 | 百公里油耗 | | 人均需求活动量/t | 碳排放因子/(t/t) | 人均碳排放量（以 tCO_2 计） |
			体积/L	重量/10^{-3}t			
小汽车	0.5	汽油	8.97	6.5	0.003	2.99	0.009
小货车	0	柴油	12.6	10.458	0.000	3.16	0.000
摩托车	0	汽油	2.08	1.5	0.000	2.99	0.000
中巴	0.19	柴油	9.4	7.8	0.001	3.16	0.005
总计							0.014

表 4-56　海岛村废水碳排放统计

乡村	人均废水排放量/m^2	排放因子（以 CO_2 计）	人均碳排放量/t	人口	废水处理碳排放量（以 CO_2 计）
I1 村	30	0.241 kg/m^3	0.00723	850	6.14 t
I2 村	30	0.241 kg/m^3	0.00723	925	6.68 t

4.3.3.3　乡村碳排放结果分析

根据统计结果可计算得到 I1 村 2014 年度 CO_2 排放总量为 1106.8 t，人均 CO_2 排放量为 1.302 t。在七大碳排放影响因子中，建筑用能影响最大，占总排放量的 57.71%，其次是第三产业，占 25.19%，主要因为该村的主要产业是渔家乐，在夏季（旺季）能耗非常大。同时，由于 I1 村居民没有工业，因此工业碳排放量为零（表 4-57）。

I2 村 2014 年度 CO_2 排放总量见表 4-58，为 3048.4 t，人均 CO_2 排放量为 3.296 t。在七大碳排放影响因子中，渔业生产碳排放影响最大，占总排放量的 79.59%，其次是建筑用能，占 19.09%。同时，I2 村所在的枸杞岛面积较小，只有 5.92 km^2，在道路交通方面多采用步行和骑车的方式，汽车拥有量较低，因此道路交通的排碳量相对其他乡村低很多（0.42%）。

表 4-57　I1 村 2014 年碳排放统计

	影响因子	碳排放量/t		人均碳排放量/t		百分比/%	
经济产业	渔业生产	49.3		0.0580		4.45	
	工业生产	0.0	328.1	0.328	0.386	0.00	29.64
	第三产业（含渔家乐）	278.8				25.19	
居住建筑	建筑用能	638.8	655.5	0.752	0.771	57.71	59.22
	建筑用水	16.7		0.020		1.51	
基础设施	道路交通	117.3	123.3	0.138	0.145	10.60	11.14
	废弃物处理	6.0		0.007		0.54	
总计		1106.8		1.302		100.00	

表 4-58　I2 村 2014 年碳排放统计

	影响因子	碳排放量/t		人均碳排放量/t		百分比/%	
经济产业	渔业生产	2426.3		2.623		79.59	
	工业生产	0.0	2435.16	0.000	2.633	0.00	79.88
	第三产业	8.9		0.010		0.29	
居住建筑	建筑用能	581.8		0.629	0.642	19.09	19.48
	建筑用水	12.0		0.013		0.39	
基础设施	道路交通	13.0		0.014	0.021	0.42	0.64
	废弃物处理	6.5		0.007		0.21	
总计		3048.4		3.296		100.00	

I1 村 2014 年的 CO_2 汇聚量为 253.23 t,人均碳汇量为 0.298 t;I2 村 2014 年的 CO_2 汇聚量为 0 t,结合碳排放量 I2 村的人均综合碳排放量远远高于 I1 村,为 3.296 t(表 4-59)。

表 4-59　海岛案例村 2014 年碳汇碳排综合统计

村	人均碳汇量/t	人均碳排放量/t	综合人均碳排放/t
I1 村	0.298	1.302	1.004
I2 村	0	3.296	3.296

4.3.4　山地区碳排放结果分析

4.3.4.1　调研对象概况

2015 年 7 月,研究对 M2 村和 M1 村两个山地乡村分别展开了部门数据收集、实地调研和问卷抽样调研。入户调查的对象基本情况见表 4-60～表 4-63，与前文的调研乡村相似，M1 村的调研对象年龄以 40 岁以上的中老年人为主，而 M2 村以 50 岁以上的老年人为主；两个乡村 1/3 以上调研对象的主要职业为务农；1/3 以上家庭收入在 5 万～10 万；家庭规模普遍不大，6 人以上的大家庭很少。

表 4-60　山地村调研对象年龄分布

乡村	30 岁及以下		30～40 岁（含 40 岁）		40～50 岁（含 50 岁）		50 岁以上	
	人数	比例	人数	比例	人数	比例	人数	比例
M2 村	0	0	6	11.8%	11	21.6%	34	66.6%
M1 村	2	8.6%	3	13%	9	39.2%	9	39.2%

表 4-61　山地村职业分布

乡村	务农		私营业主		企事业职员		自由职业		无业	
	人数	比例	人数	比例	人数	比例	人数	比例	人数	比例
M2 村	18	35.3%	7	13.7%	12	23.6%	7	13.7%	7	13.7%
M1 村	9	39.2%	3	13%	4	21.8%	4	13%	3	13%

表 4-62　山地村家庭收入

乡村	3 万及元以下		3 万～5 万（含 5 万）		5 万～10 万（含 10 万）		10 万～20 万（含 20 万）		20 万～40 万（包括在 40 万）		40 万以上	
	户数	比例	户数	比例	户数	比例	户数	比例	户数	比例	户数	比例
M2 村	12	23.5%	9	17.7%	18	35.3%	8	15.7%	2	3.9%	2	3.9%
M1 村	5	21.7%	3	13%	9	39.2%	5	21.7%	0	0	1	4.4%

表 4-63　山地村家庭规模

乡村	3 人及以下		4 至 5 人		6 人及以上	
	户数	比例	户数	比例	户数	比例
M2 村	28	54.9%	17	33.3%	6	11.8%
M1 村	10	43.4%	12	52.2%	1	4.4%

4.3.4.2　案例乡村碳排放情况

（1）生态环境的碳汇

M2 村和 M1 村的林地碳汇量很高，分别为 880.99 t 和 886.4 t；同时农田秸秆还田率也不低，占 60% 左右，该部分碳汇量分别为 274.32 t 和 82.8 t（表 4-64）。

表 4-64   M2 村和 M1 村生态环境碳汇统计

碳汇影响因子	排放因子需求活动量/t		碳排放(汇)因子/$(t/hm^2 \cdot a)(t/t)$	碳汇量(tCO$_2$)		人均碳汇量(tCO$_2$)	
	M2 村	M1 村		M2 村	M1 村	M2 村	M1 村
林地	373.3	375.6	2.36	880.99	886.4	0.535	1.458
湿地			0.62				
草地			0.07				
秸秆还田	108	32.6	2.54	274.32	82.8	0.166	0.136
总计				1155.31	969.22	0.701	1.594

（2）经济产业的碳排放

1）农业生产的碳排放

通过种粮大户的经验估算值，对 M2 和 M1 村农业生产活动进行了相关碳排放数据计算，结果见表 4-65。M2 村和 M1 村的人均农业生产碳排放分别为 0.33 t 和 0.25 t。

表 4-65   山地村农业生产碳排放统计

碳排影响因子	需求活动量		排放因子(以 CO$_2$ 计)/$(t/t)(t/km^2)$	碳排放量(以 tCO$_2$ 计)		人均碳排放量(以 tCO$_2$ 计)	
	M2 村	M1 村		M2 村	M1 村	M2 村	M1 村
化肥(N)	84t	20.56t	3.14	263.76	64.56	0.16	0.11
化肥(P,K)	136t	41.12t	0.52	70.72	21.38	0.04	0.04
农药	2.55t	0.771t	18.09	46.13	13.95	0.03	0.02
农膜	0.5t	0	18.99	9.50	0.00	0.01	0.00
翻耕	90.7km^2	34km^2	1.15	104.31	39.10	0.06	0.06
电力灌溉	0	0	0.09	0.00	0.00	0.00	0.00
机械柴油	15.3t	4.6t	3.16	48.35	14.54	0.03	0.02
总计				542.76	153.52	0.33	0.25

2）工业和第三产业的碳排放

M2 村和 M1 村没有水泥和石灰类产业，因此不存在工业生产的直接排放，只需计算产业生产和运作过程中能源的燃烧释放的 CO$_2$ 量。根据调研，两村的工业产业以木、毛竹加工为主，生产产值和对应的碳排放情况见表 4-66。

（3）建筑单体的碳排放

1）建筑用能碳排放

研究对居民的建筑用能情况进行了抽样调查，根据抽样调查结果计算得到 M2 村和 M1 村抽样部分居民的人均建筑用能 CO$_2$ 排放量，根据该人均建筑用能

CO_2 排放量对两村的总建筑用能碳排放进行估算,结果见表 4-67,M2 村和 M1 村的人均建筑用能碳排放量计算结果非常接近,分别为 1.009 t 和 0.914 t。其中薪柴的碳排放量明显高于其他类型的乡村,薪柴主要用于日常的厨灶、冬季的取暖和洗浴等,山地地貌的自然环境给薪柴提供了充足的来源,就地取材的便利性和无成本的经济性使得囤柴用柴成了当地人的生活习惯。

表 4-66　山地村工业生产碳排放统计

村名	工厂类型	数目	年产值/万元	排放因子/(t/万元)	CO_2 排放量/t	碳排放总计/t	人均碳排放量/t
M2 村	木、毛竹加工	4	400	0.95	380		
	农家乐	1	15	0.89	13.35	414.71	0.25
	零售店	3	24	0.89	21.36		
M1 村	木、毛竹加工	1	30	0.95	28.5	64.1	0.11
	农家乐	1	40	0.89	35.6		

表 4-67　M2 村建筑用能碳排放统计

碳排影响因子	需求活动量(抽样 180 人)	人均活动量	排放因子/(t/kWh)(t/t)	人均建筑用能碳排放量(tCO₂)	建筑用能碳排放总量(tCO₂)
电力	142946kwh	794.14	0.00081	0.643	1060.09
液化石油气	3.68t	0.02	2.99	0.061	100.74
秸秆	0	0	1.247	0	0
薪柴	36.3t	0.20	1.43	0.288	475.26
沼气	0.25h	0.001	11.7	0.016	26.33
煤炭	0	0	2.68	0	0
	总计			1.009	1662.41

表 4-68　M1 村建筑用能碳排放统计

碳排影响因子	需求活动量(抽样 91 人)	人均活动量	排放因子(t/kWh)(t/t)	人均建筑用能碳排放量(tCO₂)	建筑用能碳排放总量(tCO₂)
电力	44163kwh	485.31kwh	0.00081	0.393	647.83
液化石油气	0.899	0.01	2.99	0.030	48.68
秸秆	0	0	1.247	0	0
薪柴	28.5t	0.31	1.43	0.448	738.07
沼气	0	0	11.7	0.000	0.00
煤炭	1.485t	0.02t	2.68	0.044	0
	总计			0.914	1434.58

2）建筑用水碳排放

M1 村村民自来水的使用比例不高,调研的 23 户农户中 6 户只使用自来水,14 户只使用山水,3 户自来水和山水综合使用;M2 村 51 户农户中,17 户仅使用山水,20 户仅使用自来水,12 户自来水和井水结合使用,2 户山水和自来水结合使用。本书将山水和井水看作零排碳的水利用方式,因此仅对自来水用水的碳排放量进行计算,计算结果如下表所示,M1 村建筑用水人均碳排放量为 0.004 t,总碳排放量为 2.57 t;M2 村建筑用水人均碳排放量为 0.014 t,总碳排放量为 23.38 t（表 4-69）。

表 4-69　山地村建筑用水碳排放统计

乡村	抽样需求活动量/t	人均需求活动量	排放因子/(kg/t)	人均建筑用水碳排放量/t	建筑用水碳排放总量/t
M2 村	8513	47.29	0.3	0.014	23.38
M1 村	1282	14.09	0.3	0.004	2.57

（4）基础设施的相关碳排放

1）道路交通碳排放

M2 村全村有一条公交线路经过,车型为 18 座中巴,一天八班,单程 26 km,全年的里程数为 75920 km,本村村民乘车比例约为 1/2。全村有小汽车 150 辆,摩托车 40 辆,小货车(拖拉机)18 辆,年平均里程数可参考抽样调研结果（表 4-70）。

M1 村全村有一条公交线路经过,车型为 15 座中巴,一天四班,单程 10 km,全年的里程数为 29200 km,本村村民乘车比例约为 1/15。全村有小汽车 33 辆,摩托车 35 辆,小货车(拖拉机)3 辆,年平均里程数可参考抽样调研结果（表 4-70）。

表 4-70　山地村机动车里程数统计

机动车	小汽车		小货车		摩托车		中巴	
	M2 村	M1 村	M2 村	M1 村	M2 村	M1 村	M2 村	M1 村
抽样里程数/km	38100	103584	343530	10920	24920	24388	75920	29200
抽样拥有量/辆	18	9	16	1	6	5	0.5	0.067
单辆平均里程数/km	2117	11509	21471	10920	4153	4877.6	37975	1956.4
总拥有量	150	33	18	3	40	35	1	1
总里程数/km	317500	379808	429420	32760	166120	170716	37975	1956.4
人均里程数/km	193	625	261	54	101	281	23	3

根据相关碳排放因子计算可得道路交通碳排放数据见表 4-71、表 4-72,M1 村和 M2 村道路交通人均碳排放量很接近分别为 0.159 t 和 0.150 t,但是 M2 村由

于公交系统便捷,私家车碳排放量远低于 M1 村。

表 4-71　M1 村道路交通碳排放

碳排放影响因子	人均里程/10^2km	油耗类别	百公里油耗		人均需求活动量/t	碳排放因子/(t/t)	人均碳排放量(以 tCO_2 计)
			体积/L	重量/10^{-3}t			
小汽车	6.25	汽油	8.97	6.5	0.041	2.99	0.121
小货车	0.54	柴油	12.6	10.458	0.006	3.16	0.018
摩托车	2.81	汽油	2.08	1.5	0.004	2.99	0.013
中巴	0.3	柴油	9.4	7.8	0.002	3.16	0.007
总计							0.159

表 4-72　M2 村道路交通碳排放

碳排放影响因子	人均里程/10^2km	油耗类别	百公里油耗		人均需求活动量/t	碳排放因子/(t/t)	人均碳排放量(以 tCO_2 计)
			体积/L	重量/10^{-3}t			
小汽车	1.93	汽油	8.97	6.5	0.013	2.99	0.038
小货车	2.61	柴油	12.6	10.458	0.027	3.16	0.086
摩托车	1.51	汽油	2.08	1.5	0.002	2.99	0.007
中巴	0.23	柴油	33	27.38	0.006	3.16	0.020
总计							0.150

2)废弃物碳排放

M2 村和 M1 村的固体废弃物焚烧量为零吨,因此仅计算废水处理的 CO_2 排放量。与前文乡村相同,根据江苏省建设厅文件《农村生活污水处理技术指南(2008 年试行版)》中的规定,M2 村和 M1 村人均年废水排放量为 30 m^3。根据污水处理排放因子计算可得 M2 村和 M1 村人均生活污水处理的碳排放量为 11.9 t 和 4.4 t(表 4-73)。

表 4-73　山地村废水碳排放统计

乡村	人均废水排放量/m^3	排放因子(以 CO_2 计)	人均碳排放量/t	人口/人	废水处理碳排放量(以 CO_2 计)
M2 村	30	0.241 kg/m^3	0.00723	1648	11.9 t
M1 村	30	0.241 kg/m^3	0.00723	608	4.4 t

4.3.4.3　案例乡村碳排放结果分析

根据统计结果(表 4-74)可计算得到 M1 村 2014 年度 CO_2 排放总量为 1042.5 t,人均 CO_2 排放量为 1.443 t。在七大碳排放影响因子中,建筑用能影响最大,占总排放量的 53.32%,其次是道路交通,占 25.14%,主要因为该村的公交线路班次较少,私家车的使用率(年里程数)很高。同时,由于 M1 村居民山水的使用率较高,且固体废弃物焚烧量为零,因此建筑用水和废弃物处理的碳排放量非常小,仅占总排放量的 0.25% 和 0.42%。

表 4-74　M1 村 2014 年碳排放统计

影响因子	碳排放量/t		人均碳排放量/t		百分比/%	
农业生产	153.5		0.253		14.73	
工业生产	28.5	217.6	0.047	0.358	2.73	20.87
第三产业	35.6		0.059		3.41	
建筑用能	555.8		0.914		53.32	
建筑用水	2.6	558.4	0.004	0.918	0.25	53.57
道路交通	262.0		0.159		25.14	
废弃物处理	4.4	266.4	0.007	0.166	0.42	25.56
总计	1042.5		1.443		100.00	

M2 村 2014 年度 CO_2 排放总量为 2894.9 t,人均 CO_2 排放量为 1.761 t。在七大碳排放影响因子中,建筑用能影响最大,占总排放量的 57.43%,其次是农业生产,占 18.75%。同时,由于 M2 村居民山水的使用率较高,且固体废弃物焚烧量为零,因此建筑用水和废弃物处理的碳排放量非常小,仅占总排放量的 0.81% 和 0.15%(表 4-75)。

表 4-75　M2 村 2014 年碳排放统计

影响因子	碳排放量/t		人均碳排放量/t		百分比/%	
农业生产	542.8		0.329		18.75	
工业生产	380.0	957.47	0.231	0.581	13.13	33.07
第三产业	34.7		0.021		1.20	
建筑用能	1662.4		1.009		57.43	
建筑用水	23.38		0.014	1.023	0.81	58.24
道路交通	247.2		0.150		8.54	
废弃物处理	4.4		0.007	0.157	0.15	8.69
总计	2894.9		1.761		100.00	

山地村拥有丰富的山林资源,M1 村 2014 年的 CO_2 碳汇量为 696.22 t,人均碳汇量为 1.59 t;M2 村 14 年的 CO_2 碳汇量为 1155.31 t,人均碳汇量为 0.70 t。综合可得 M1 村 2014 年人均碳排放量为 −0.147 t,是一个纯碳汇的乡村;M2 村 2014 年人均碳排放量为 1.061 t,碳排放量也较其他乡村低(表 4-76)。

表 4-76　山地村 2014 年碳汇碳排综合统计

村	人均碳汇量/t	人均碳排放量/t	综合人均碳排放/t
M1 村	1.59	1.443	−0.147
M2 村	0.70	1.761	1.061

4.4　碳排碳汇评价

4.4.1　碳汇评价

根据计算和前章表 3-6 中的碳汇等级分类得到 2014 年 8 个乡村的人均碳汇量,见表 4-77。山地乡村 M1 和 M2 的人均碳汇量远远高于其他类型的乡村,分别为 1.59 t 和 0.7 t。丘陵乡村 H1 和 H2 人均碳汇量略高于平原乡村和海岛乡村,位于中区,分别为 0.43 t 和 0.3 t。平原乡村 P1 和 P2 的人均碳汇量分别位于中区和低区,为 0.14 t 和 0.0125 t。两个海岛乡村的人均碳汇量有一定差异性,分别为 0.298 t 和 0 t,这与海岛乡村的地形地貌差异较大有关,I2 村内并没有山林面积,村内绿化很少,因此人均碳汇量近似为 0。

表 4-77　案例乡村 2014 年人均碳汇量计算结果

地形	乡村	人均碳汇量/t	碳汇量等级
P 平原村	P1	0.14	中
	P2	0.0125	低
H 丘陵村	H1	0.43	中
	H2	0.3	中
I 海岛村	I1	0.298	中
	I2	0	低
M 山地村	M1	1.59	高
	M2	0.7	高

4.4.2　碳源评价

根据计算和前章表 3-8 中的碳排等级分类得到 2014 年 8 个乡村的人均碳排量,见表 4-78,案例乡村碳排量与乡村的地形地貌以及产业类型都有一定关联。平原村人均碳排放量较高,P2 和 P1 两个乡村碳排放量分别为 36.218 t/人和 2.604 t/人,P2 是案例乡村中唯一一个工业(化工和五金业)为主要产业的乡村,

2014 年年产值达到 3.95 亿元,人均碳排放量高达 36.218 t/人,其中工业生产的排碳量占总碳排放量的 95% 以上。丘陵村人均碳排放量位于中区,H1 和 H2 的碳排放量分别为 2.97 t/人和 2.12 t/人;山地村人均碳排放量位于低区,M1 和 M2 的碳排放量分别为 1.443 t/人和 1.761 t/人;海岛村碳排放量差异较大,I2 主要产业是渔业,碳排量较高为 3.296 t/人,I1 主要产业为旅游业,碳排放量较低,为 1.302 t/人。

表 4-78   案例乡村 2014 年人均排放量计算结果

地形	乡村	人均碳排放量/t	碳排量等级
平原	P1	2.604	中
	P2	36.218	高
丘陵	H1	2.97	中
	H2	2.12	中
海岛	I1	1.302	低
	I2	3.296	高
山地	M1	1.443	低
	M2	1.761	低

4.5   碳排放主要活动行为分析

将前章乡村碳汇计算结果与碳排计算结果分项综合统计以后可以得到图 4-1。

我们可以发现影响乡村碳汇的主要活动行为有两个。

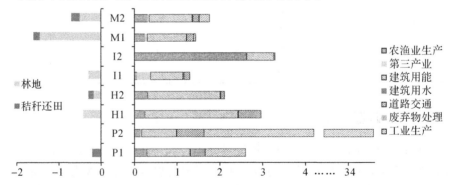

图 4-1   乡村不同活动行为的碳排放

(1) 乡村的林地资源

由于山地乡村 M1 和 M2 拥有天然的生态优势,高比例的林地率使得该地貌乡村的碳吸收能力远远高于其他地貌的乡村。

(2) 耕地的秸秆还田量

特别是对于天然山林面积较少而耕地面积较大的平原乡村,高比例的秸秆还田率对乡村碳汇起到非常显著的提升效果。

影响乡村碳排的主要活动行为有三个。

(1) 建筑用能

建筑用能一直是乡村地区的最大碳排放源,浙江乡村地区建筑用能的碳排放占比虽然有所下降,但是依然是大多数类型乡村的最大碳排放源,案例乡村中 6 个乡村的第一大排放源都是居住建筑用能,即使在高碳排的其余 2 个乡村中,建筑用能也是仅次于经济产业碳排放的。说明对大多数乡村,建筑能耗量还是最主要的碳排放因素,降低居住建筑用能,减少秸秆、薪柴等高碳排放生物质能的使用对减少乡村的碳排放有着明显的作用。

(2) 经济产业

随着经济产业的急速发展,产业经济的碳排放量也逐渐上升,部分乡村的产业经济碳排放甚至已经远超建筑用能碳排放。经济产业类型是影响乡村碳排放的主要因素。乡村的工业和渔业产业占比越高,乡村的碳排放量也越高。调研乡村中碳排放量最高的两个乡村,P2 村的工业产业占比为 99.5%;I2 村的渔业产业占比为 99.92%。

(3) 道路交通

随着道路交通基础设施的优化,私家车拥有率的提高,交通碳排放量也不容小觑。

4.6 碳汇影响因素和改善策略

4.6.1 概况

森林碳汇是指森林生态系统吸收大气中的二氧化碳并将其固定在植被和土壤中,从而减少大气中二氧化碳浓度的过程(李怒云,2007)。森林的碳汇能力已经得到了公认,IPCC 估计至 2050 年,陆地生物圈可吸收全球化石燃料碳排放的 10%～20%(IPCC,2006),森林部分在 1995—2050 年期间的固碳潜力估计在 60～87Gt C(Brown et al.,1996)。

本书计算得到的案例乡村 2014 年的人均碳汇聚量如图 4-2 所示,除海岛乡村以外,相同地形地貌的乡村碳汇聚量十分相似。山地乡村 M1 和 M2 的人均碳汇量远远高于其他类型的乡村,分别为 1.89 t 和 0.7 t。丘陵乡村 H1 和 H2 人均碳汇聚量略高于平原和海岛乡村,分别为 0.43 t 和 0.3 t。平原乡村 P1 和 P2 的人均碳汇量最低,分别为 0.14 t 和 0.0125 t。两个海岛乡村的人均碳汇量相差较大,分别为 0.298 t 和 0 t,主要和不同海岛乡村之间的地形地貌差异性有关。

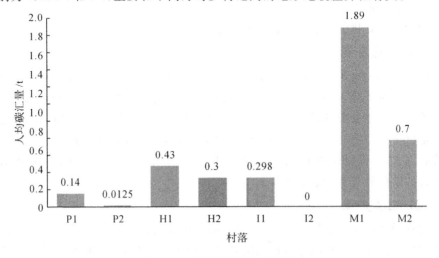

图 4-2　案例乡村人均碳汇量

4.6.2　影响因素

根据图 4-3 不同因素的碳汇量比较可以发现:由于建成区绿化面积普遍不高,长三角地区乡村碳汇结构简单,主要由林地碳汇和秸秆还田碳汇两部分构成。

(1)林地碳汇

林地碳汇是影响乡村碳汇的决定性因素。林地碳汇量由林地面积和树种类型决定,因为长三角地区乡村森林树种较为相似,所以乡村的人均林地面积是影响林地碳汇的主要因素。山地乡村(M1、M2)拥有天然的生态优势,高比例的林地率,丰富的山林生态资源使得该地貌乡村的碳吸收能力远远高于其他地貌的乡村。

(2)农田管理(秸秆还田)

耕地的秸秆还田是影响乡村碳汇的另一项重要因素,特别是对于天然山林面积较少而耕地面积较大的平原乡村,高比例的秸秆还田率对乡村碳汇起到非常显著的提升效果。2012 年浙江省秸秆综合利用率为 78.4%,其中秸秆还田占 60.5%(邵建构等,2014),本书调研的 8 个乡村的秸秆还田率见表 4-79,各村的秸秆还田率差异明显,综合秸秆还田率为 42.5%,离长三角地区人民政府明确提出的 2017年达到 90%以上的目标还有相当的距离。

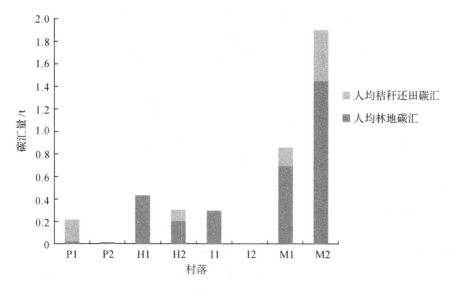

图 4-3　不同因素的碳汇量比较图

表 4-79　乡村秸秆还田率

乡村	秸秆还田率/%	乡村	秸秆还田率/%
H1 村	0	H2 村	30
M1 村	95	M2 村	60
P2 村	0	P1 村	70
I2 村	—	I1 村	—

4.6.3　增汇策略

(1) 林地增汇

"增汇"是指提升碳汇系统的功能。植被具有良好的储碳功能,低碳策略应是通过植树造林、减少毁林、保护和恢复植被等措施吸收和固定大气中的 CO_2(彭震伟等,2013)。对于长三角地区的乡村地区,应该尽可能合理地保留乡村自然资源,针对全省国土资源和林地结构的实际,通过自然生态要素和乡村聚落布局的结合,实现乡村生态增汇。

1)建立生态网络格局,加强对自然要素的再植和恢复。

在自然生态资源相对匮乏的平原和部分海岛地区,应针对景观破碎化程度较高的区域,在保护原有生态资源的基础上,调整景观结构,贯通景观廊道。对退化的生态缺口进行恢复和重建:包括重建宏观的生态网络格局法进行一系列生态网络的研究、构建和评价(王云才、刘悦采,2009),以及自然要素的再植和恢复(通过有效的生态组合对林木、湿地等自然要素进行栽植,以尽快恢复地区生态功能的技术方法)。依靠生态系统的自我调节与恢复能力或辅以人工措施,使遭到破坏的生态系统逐步恢复或使生态系统向良性循环的方向发展(李咏华等,2015)。

2)注重森林的提质增效和可持续发展。

对于生态资源丰富,山林覆盖率较高的山地和丘陵乡村,应考虑稳定现有各林种结构,保持森林面积的动态平衡,注重森林的提质增效和可持续发展。围绕山林资源发展第一、第二、第三产业,培育合作组织、家庭林场等新型林业的混合型经营实施主体,发展林业旅游,促进林业碳汇项目的开发,有效实现碳汇生态价值。提升森林防火、病虫害防治的预防和处置能力,保护森林资源安全。

(2) 农田增汇

土壤耕作管理,用轮作和休耕的方式提高土壤的碳汇能力。由于农田土壤有机碳含量只有非耕地的48.5%(吴乐知、蔡祖聪,2007),通过轮作和休耕的方式,改变进入土壤的作物残茬、根系的数量、种类,让过于紧张、疲惫的耕地休养生息,可以增加土壤有机碳含量,有效地提高农田的碳汇能力。

植物残体或有机物料的还田是提高土壤固碳的重要途径。对于平原地区农田,可以采用秸秆机械粉碎还田的方式,推进肥料化利用。可以采用机械实现秸秆粉碎和捡拾打捆作业,根据秸秆数量,实行全量或部分粉碎还田,提高土壤固碳力;对山地和丘陵地区的山垄田、小块地等不适宜农机作业的区域,鼓励秸秆覆盖、生物腐熟、稻麦双套、行间铺草等其他方式还田(浙政办发〔2014〕140号)。

(3) 碳汇补偿

林业和农业碳汇是生态服务的重要功能,对稳定全球生态平衡发挥着十分重要的作用。因此建立乡村碳汇补偿机制,增强生态服务功能的市场化,鼓励林业和农业的碳汇补偿,可以引导和强化村民的林业增汇和农田增汇行为,充分发挥增汇的积极性和主动性。具体方式包括建立碳汇认证制度,建立碳汇补偿标准,建立补偿执行和监督机制,为企业、社会团体和个人搭建碳交易平台,将农林业碳汇补偿列入企业碳排放考核等,鼓励社会参与碳汇补偿。

4.7　碳排影响因素和改善策略

4.7.1　农渔业生产

4.7.1.1　概况

根据研究显示,2010年中国农业活动产生的CO_2排放量为2.87亿 t,占全国碳排放总量的 5% 左右(田云等,2012)。本书调研的陆地乡村中除了位于平原的 P2 村以外,其他的 5 个乡村都以农业作为其主要产业之一。因此,这 5 个乡村的农业生产人均碳排放量差异不大,在 0.2439 t(H1 村)和 0.3294 t(M2 村)之间(表 4-80)。

表 4-80　农业生产人均碳排量　　　　　　　　　　单位:t

乡村		农用物资	柴油	翻耕	电力灌溉	总计
平原村	P1	0.1909	0.0266	0.0718	0.0000	0.2893
	P2	0.1024	0.0143	0.0385	0.0030	0.1582
丘陵村	H1	0.1605	0.0212	0.0577	0.0045	0.2439
	H2	0.2066	0.0274	0.0743	0.0000	0.3083
山地村	M1	0.1643	0.0239	0.0643	0.0000	0.2525
	M2	0.2367	0.0293	0.0633	0.0000	0.3294

调研的海岛村都没有农田,第一产业为渔业捕捞和渔产养殖。研究表明,从海洋中每捕捞 1 t 活鱼上岸,将排放 1.7 t 二氧化碳(Hoegh-Guldberg et al.,2010)。我国每年渔业生产能源消耗总量为 1754.0 万 t 标准煤,占第一产业能耗的 21.2%(徐皓等,2011)。本书调研计算的海岛村渔业人均碳排放量见表 4-81,两个海岛乡村的碳排放量差异性很大,I1 村是海岛旅游型乡村,旅游业是主要产业,因此渔业碳排放量非常少;而 I2 村的主要产业且唯一支柱产业是渔业,所以渔业生产人均碳排放量高达 2.623 t。

表 4-81　渔业生产人均碳排量　　　　　　　　　　单位:t

乡村		渔业养殖	渔业捕捞	总计
海岛村	I1	0.058	0	0.058
	I2	0.685	1.938	2.623

4.7.1.2　影响因素

根据图 4-4 可知,农用物资消耗的碳排放在乡村的农业生产中居首位,其次是翻耕的碳排放,两者之和占农业生产总碳排放量的 89% 以上(89.06%~91.12%)。由于电力灌溉的排放因子较小且省内部分乡村采用水渠自然灌溉的方式,因此电力灌溉对农业碳排放的影响最小。

(1) 氮肥的使用

在调研乡村所有的农用物资碳排放中(图 4-5),碳排放的主要影响因素是化肥的使用,特别是氮肥的使用。全球氮肥全过程温室气体排放占全球温室气体排放总量的 2%~3%,我国氮肥总排放量占中国温室气体排放总量的 8%(张福锁、

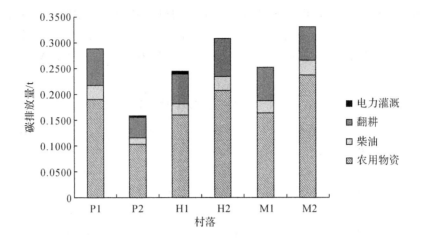

图 4-4　农业碳排放影响因素比较

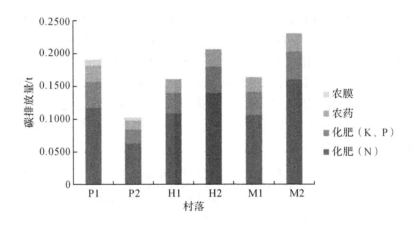

图 4-5　农用物资碳排放比较

张卫峰,2010)。氮肥工业是以煤、石油和天然气等不可再生资源为生产原料的,氮肥的大量使用是影响农业碳排放的重要因素。

（2）农田的翻耕

传统的翻耕方式对土壤的扰动,助长了土壤有机碳的侵蚀,缩短了土壤中秸秆等有机质的循环周期,减少有机碳的蓄积量,加速土壤的碳流失（马涛,2011）。采用传统翻耕方式的农田比例越高,则农业的碳排放量越大。

（3）渔业捕捞

海岛型乡村的主要产业为渔业捕捞和渔产养殖,碳排放主要影响因素很单一,即渔船和养殖船的化石能源（柴油）消耗。其中由于渔船马力较大,船均柴油消耗量是养殖船的 33.6 倍,因此虽然数目远少于养殖船,但是碳排放占 73.88%,明显高于渔业养殖(26.12%)。其中,渔船装备老旧是影响海洋捕捞渔船能耗强度的一个重要因素,渔船老化现象严重、设备落后、机械性能下降、船型杂乱、阻力性能优化度低、建材落后、钢质船少、玻璃钢渔船发展缓慢、主机配置、船机桨匹配差异大、随意性强等都是导致捕捞渔船高碳排的原因。

4.7.1.3　改善策略

(1) 减少氮肥施用量

可以通过直接或者间接减少氮肥施用量的方式来减少二氧化碳排放。豆科绿肥具有固氮潜力,同时豆科绿肥可为土壤微生物提供生长所需的元素及能量需求;豆科等绿肥作物轮作、套作和间作,可以促进土壤贮存,通过生物固氮降低氮肥的投入从而降低排放(West et al.,2002)。采用有机肥(农家有机肥、沼渣、秸秆)和化肥混施的方式,可以通过农业废弃物的合理再利用,直接降低氮肥的使用量,从而减少二氧化碳排放。

(2) 实施土壤耕作管理

1982—1997 年,有学者对美国农田固碳量进行了研究,发现农田管理的提高使美国农田的土壤碳排放量每年减少21.2 百万吨,其中起主要作用的管理方式包括采取少耕和免耕(Marlen et al.,2002)。因此改变传统的深耕的耕作方式,采取少耕、免耕的方式,利用秸秆和残茬覆盖土壤,可以减少土壤侵蚀,降低土壤的碳流失。

(3) 升级渔船装备

渔业主管部门应从长远发展角度出发,统筹做好近海和远洋捕捞渔船装备升级的顶层设计,编制海洋捕捞渔船发展专项规划;发挥财政资金引导作用,鼓励金融资本加大投资,并广泛吸纳企业资金、民间资本等社会资本参与,形成多元化的投资格局(岳冬冬等,2016)。鼓励企业和渔民更新淘汰落后的老旧渔船,促进海洋捕捞渔船装备升级改造,有利于降低渔业碳排放。

(4) 调整海洋捕捞作业类型结构,执行渔具准入制度

拖网、围网和张网等作业类型对海洋渔业资源和生态环境具有较大的负面影响,同时还是渔业碳排放的主要来源,因此,从作业类型结构而言,减少拖网、围网和张网等渔船功率比重,有利于降低渔业碳排放(岳冬冬等,2016)。同时应遵守农业部发布《关于实施海洋捕捞准用渔具和过渡渔具最小网目尺寸制度的通告》和《关于禁止使用双船单片多囊拖网等十三种渔具的通告》,严格控制渔具的类型。

4.7.2　其他经济产业碳排放

4.7.2.1　概况

20 世纪 90 年代以来,工业能耗在总能源消耗总量中的比重一直在 70% 左右,是我国碳排放增长的主要动力(祁巍峰、唐彩飞,2016)。随着乡村经济的发展,许多乡村的工业和第三产业的产值在村社会总资产中比重越来越高,这也直接导致了村该类产业的碳排放量的增加。

由于本书调研的 8 个乡村的产业类型各有不同,所以不同乡村工业、手工业和第三产业的碳排放量也有很大差异(表 4-82)。工业为主要产业的乡村的碳排放量远远大于其他类型的乡村。例如 P2 村(工业年产值 39530 万元)的其他经济产业人均碳排放量为 34.590 t,有一定工业产业的 P1 村(工业年产值 1285 万元)的人均碳排放量为 0.950 t。其他以手工业和旅游业作为主要产业的乡村,乡村人均碳排放量均小于 0.35 t,在 0.009 t(H1 村)和 0.346 t(I1 村)之间。

表 4-82　其他经济产业人均碳排放量　　　　　　单位:t

地形	乡村	工业	手工业	第三产业	合计
平原	P1	0.797	0.144	0.010	0.950
	P2	34.578	0.000	0.012	34.590
丘陵	H1	0	0	0.009	0.009
	H2	0	0	0.012	0.012
山地	M1	0	0.0469	0.059	0.105
	M2	0	0.2306	0.021	0.252
海岛	I1	0	0	0.346	0.346
	I2	0	0	0.010	0.010

4.7.2.2　影响因素

对于以工业和手工业为支柱产业的乡村,影响经济产业碳排放的主要因素有以下两个。

(1)中高排放的产业结构

对于第二产业为主要产业的乡村,产业结构的不同对碳排放的影响非常大。根据相关统计数据,按碳排放强度可将我国各行业分成低碳排放、中碳排放、高碳排放三大类型。高碳排放行业包括黑色金属冶炼及压延加工、化学原料制造及化学制品、非金属矿物制品业、有色金属冶炼及压延加工业等 8 个行业。中碳排放行业,包括农副食品加工、通用设备制造、食品制造、纺织业、造纸及纸制品业等 8 个行业。去除高排放、中排放行业后的剩余行业都是低碳排放行业(朱玲玲,2013)。

工业碳排放量最高的 P2 村的支柱产业为化工行业(年产值 25000 万元),还有少量的金属制造业和塑料制品业。三者都属于高碳排放行业,碳排放因子分别为 2.57 t/万元,1.23 t/万元,2.02 t/万元。以高排放为主的产业结构导致 P2 村的工业碳排放量的上升。

(2) 中高排放的能源结构

浙江省是长三角地区的重要省份,2005 年,浙江省工业终端消耗能源 8400 万 t 标准煤,其中消耗煤炭 3351 万 t,占 28.3%,在所有的能源消耗中位居第二。但是值得一提的是乡村工业煤炭的消耗比例远高于城市工业,在调研的 3 个化工企业中煤炭能源的消耗占总能源消耗的 60% 以上。由于煤炭的碳排放强度较高,所以改变以煤炭为主的能源结构,大力发展低碳能源和可再生能源,对工业减排具有重大意义。

对于以旅游业为支柱产业的乡村,影响经济产业碳排放的主要因素是游客的食宿能源消费。由于长三角地区乡村并未建成天然气输送网络,罐装液化气成为烹饪的主要燃料,该能源碳排放系数相对较高。

4.7.2.3　改善策略

对于以工业和手工业为支柱产业的乡村,可从以下两方面改善。

(1) 优化产业结构

调整产业结构,促进高碳排产业向低碳排产业转型。首先,大力发展能源消耗低、碳排放低的第三类工业行业,加大对低碳排产业的投入和支持力度,提高其在乡村经济中的比重,使其成为乡村经济的主导产业。其次,调整工业内部的行业结构,淘汰高能耗、高污染、低增加值的落后生产能力,限制高碳排产业的发展规模,积极发展高技术产业和战略性新兴产业,稳步构建低能耗发展模式,通过节能技术等技术创新改善产业结构,减少碳源。

(2) 调整能源结构

调整能源结构,提高能源使用效率。工业企业生产过程中,能源的投入使用是不可避免的。因此,要减少碳排放量,发展低碳工业,必须只能通过调整能源结构的方式。降低高碳排能源的使用量,减少煤的消费比例,提高低碳的石油、电、天然气的消费比例,大力开发并使用清洁能源、可再生能源,加快工业能源消费结构的合理转变。同时,提高能源使用效率,加大能源科技投入,鼓励节能技术研发应用;鼓励企业淘汰低效老旧的设备,引进高效节能设备、新能源设备等,实施节能技术更新与改造。

对于以旅游业为支柱产业的乡村,应发展低碳旅游,强调在旅游过程中食、住、行等全方位的低碳化。鼓励渔家乐和农家乐采用风能、太阳能、沼气能、空气能等可再生能源和低碳排放能源。鼓励游客自带牙刷、拖鞋等生活用品,减少一次性用品的使用。在景区内鼓励步行和自行车出行,在景区内换乘时安排电动车。

4.7.3　建筑用能碳排放

4.7.3.1　概况

近年来,随着农村经济的发展,农村居住建筑碳排放量上升很快。2001—2010 年,农村生活用能消费所形成的 CO_2 排放量呈现明显的增长趋势,由 2001 年的152.22百万吨 CO_2 当量增至 2010 年的 367.89 百万吨 CO_2 当量,年均增长率为10.27%。人均农村生活用能形成的 CO_2 排放量由 2001 年的 0.19 tCO_2 当量增至 2010 年的 0.54 tCO_2 当量,年均增长率约为 12.32%(陈仲影等,2012)。城市和农村居民的生活用能碳排放量的差距逐渐缩小。1995 年城镇居民人均生活能源消费的碳排放量是农村居民的 2.81 倍,而到 2010 年两者的差距缩小到 1.50 倍(李科,2013)。

本书调研乡村建筑用能的人均碳排放量如表 4-83 和图 4-6 所示,不同地形地貌的用能差异明显,丘陵地区乡村 H1 和 H2 村的人均建筑用能碳排放量最高(1.448 t,1.689 t),海岛地区乡村 I1 和 I2 村的人均建筑用能碳排放量最低(0.751 t,0.623 t)。这主要和不同地貌乡村的用能条件、生活习惯和清洁能源的普及状况相关。

表 4-83　人均建筑用能碳排放量　　　　　　　　　　　单位：t

地形	乡村	电力	液化石油气	秸秆	薪柴	沼气	煤炭	总计
平原	P1	0.605	0.06	0.062	0.28	0	0	1.007
	P2	0.51	0.055	0.0055	0.24	0	0	0.8105
丘陵	H1	0.417	0.057	0	0.974	0	0	1.448
	H2	0.53	0.055	0	1.104	0	0	1.689
山地	M1	0.393	0.03	0	0.448	0	0.044	0.915
	M2	0.643	0.061	0	0.288	0.016	0	1.008
海岛	I1	0.661	0.09	0	0	0	0	0.751
	I2	0.559	0.064	0	0	0	0	0.623

4.7.3.2　影响因素

(1) 高碳排生物质能的使用

薪柴作为浙江乡村另一种常见的能源,主要用于日常的厨灶和冬季的取暖。薪柴等高碳排生物质的大量使用,是导致乡村居住建筑高碳排的重要因素。虽然随着农村经济的发展和基础配套设施的建设,电力作为一种较为清洁的能源,在农村居住建筑能源中所占的比重逐年上升,在调研的 8 个乡村中,有 5 个乡村的电

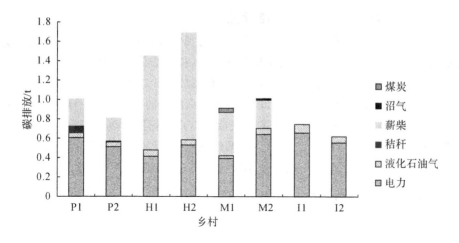

图 4-6　案例乡村人均建筑用能碳排放

力碳排放在居住建筑用能碳排放中居首。但是在山地丘陵乡村中,就地取材的便利性和无成本的经济性使得薪柴的使用量依然居高不下,调研的 4 个丘陵山地乡村中有 3 个乡村的薪柴碳排放在居住建筑用能碳排放中居首。其中薪柴使用量最大的两个村,即 H1 和 H2 村,其居住建筑碳排放总量也远高于其他乡村。

（2）低保温隔热的建筑围护结构

由于我国目前尚缺乏乡村住宅建设的标准、法规,乡村住宅的节能保温性能普遍较低。在杭州地区乡村室内舒适度调查中,认为住宅冬夏两季室内热环境为舒适的村民比例还不到 1/2,有些乡村甚至低于 1/3(Lu et al.,2014)。本书调研乡村的住宅多为 2～3 层小楼,体形系数较高,而且 90% 以上采用 240 实心砖墙和单层玻璃(铝合金框或木框),无任何保温隔热措施。由于长三角地区位于夏热冬冷气候带,夏季酷热冬季寒冷,建筑围护结构保温隔热系统的缺失,直接导致了冬夏两季采暖和制冷能耗的上升,也导致了居住建筑碳排放的增加。

4.7.3.3　改善策略

（1）调整居住建筑能源消费结构

燃烧传统的生物质能的居住建筑能源利用方式,不仅热效率低下,而且污染严重,碳排放量大。可以通过自下而上的居民消费和自上而下的配套供给两个方面调整居住建筑能源消费结构。改变山地和丘陵地区村民的生活方式,加强低碳知识的教育和普及,引导村民使用高效率、低排放的清洁能源;平原地区且离城市较近的乡村鼓励铺设天然气管道,代替瓶装液化石油气,山区附近的供电厂可考虑采用薪柴气化发电等生物质能转换技术提高生物质能源的利用效率,降低碳排放;提高太阳能、风能、空气能等可再生清洁能源的利用率。

(2)改善居住建筑绿色节能性能

可以根据地区的气候特点及村民的生活习惯特点,以及村民的经济状况,选择合适的方式改善乡村居住建筑的保温隔热性能,提高居住舒适度。例如:通过增加保温层(如保温砂浆),或是采用页岩砖等自保温墙体来改善墙体的保温隔热性能;通过平改坡,铺设保温板,设置通风间层,设置屋面绿化的方式改善屋顶的节能性;通过设置双层中空玻璃和断桥铝合金的方式改善窗户的保温隔热性能等。同时,也可以选择被动式的建筑节能技术进一步降低建筑能耗,从而降低居住建筑的碳排放。例如:被动式太阳能通风系统,竹质或木质的可调节外遮阳,垂直绿化,阳光房等。

4.7.4　交通碳排放

4.7.4.1　概况

世界各国增长的二氧化碳排放量中,交通运输的排放量增长最快。与1990年相比,2009年全球交通运输的碳排放量增长了近45%(Abigail et al., 2008)。虽然关于乡村居民交通碳排放的研究较少,但是有数据表明长三角地区城市居民的年日常通勤交通人均碳排放量为0.85 t。

根据本书的调研结果,乡村交通碳排放与地形地貌有一定相关性(表4-84和图4-7)。年人均乡村交通碳排放量最高的是平原乡村P2村,为0.640 t;最低的是海岛乡村I2村,年人均乡村交通碳排放量为0.014 t。平原和丘陵乡村的交通碳排放量高于山地和海岛乡村。

表 4-84　乡村交通碳排放比较　　　　　　　　　　单位:t

地区	乡村	小汽车	小货车	摩托车	公交(中巴)	总计
平原区	P1	0.309	0.017	0.008	0.002	0.336
	P2	0.580	0.049	0.004	0.007	0.640
丘陵区	H1	0.53	0	0.001	0.001	0.532
	H2	0.09	0	0.001	0.002	0.093
山地区	M1	0.121	0.018	0.013	0.007	0.159
	M2	0.038	0.086	0.007	0.02	0.151
海岛区	I1	0.048	0.084	0	0.006	0.138
	I2	0.009	0	0	0.005	0.014

4.7.4.2　影响因素

乡村交通碳排放中居首位的是小汽车的碳排放量。小汽车碳排放量最高的三个乡村的交通碳排放总量都远远高于其他乡村。私家小汽车高碳排放的影响因素有以下几个方面。

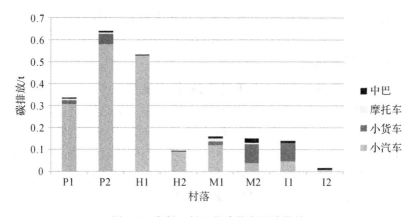

图 4-7　案例乡村人均建筑交通碳排放

（1）私家车的保有率

私家车的保有率是核算交通碳排放的一个直接因子。近年来,长三角地区机动车的保有量一直呈高速增长态势。小型载客汽车由 2002 年的 39 万辆增加到 2010 年的 422 万辆,年均增速达到 34%(周洋毅、柴雯,2014)。本书调研的 8 个乡村的小汽车保有率和该乡村所处的地形和地貌有明显的联系,山地和海岛乡村的小汽车保有率(0.97%~9.1%)普遍低于平原和丘陵乡村(4.3%~20.4%)。

（2）私家车的人均里程数

随着道路基础配套设施的完善,越来越多的乡村居民在附近上一级行政中心区上班,或到中心区进行购物和娱乐,通勤距离的增加,村民活动范围的增大,提高了小汽车的人均里程数,直接导致了交通碳排放量的增长(表 4-85)。

表 4-85　调研乡村交通基本信息

类型	乡村	H1	H2	M1	M2	P2	P1	I2	I1
私家车	与上一级行政中心距离/km	3.7	2.5	1.7	6.9	1	7.7	3.1	6.2
	私家车数目/辆	155	50	33	150	450	250	9	40
	私家车保有率/%	14.86	4.3	5.4	9.1	20.4	18.9	0.97	4.7
	平均年里程/km	18352	10688	11509	2117	14612.8	8410	5100	5227
公交车	班次数/天	4	4		8	8	8	3	12
	单程距离/km	22	22		26	10	8	16	20

（3）公交车的便利度

公共交通的客运量和交通总碳排放呈现负相关且影响程度显著。乡村公交车的线路设置、班次频率、公交服务水平等间接影响小汽车的使用率,从而影响乡村交通碳排放。公交设施越便利,则小汽车的使用率越低,乡村交通碳排放越低;公交设施越不便利,则小汽车的使用率越高,乡村交通碳排放越高。

4.7.4.3　减碳策略

(1) 鼓励小排量、低能耗、新能源汽车的使用

在乡村机动车保有量不能有效控制的情况下,应该加强对机动车尾气排放的检查和控制,鼓励小排量、低能耗汽车的使用,淘汰不符合现行机动车排气污染物排放标准的老旧汽车。通过经济激励手段,对污染小的机动车实行一定的优惠,对环境污染大的机动车征收重税;同时优先发展新能源汽车,大力推广清洁能源汽车并积极推进乡村新能源汽车相关配套设施建设,有效地推动车用替代燃料技术的发展和应用。

(2) 大力发展公交交通,提高公交运行效率

在国内外大多具有发达的公交系统的区域,居民都以公交作为其出行的主要方式。在经济不断发展、农村居民活动范围不断扩大、居民出行总量不断增长的情况下,只有大力发展公共交通,进行合理的交通网络规划,科学统筹公交线路的布线和班次,扩大公交服务的覆盖面,提升公交服务质量,为人们提供一个良好的出行环境,加强节能减排和低碳出行意识宣传,引导和鼓励更多的人使用公共交通作为日常出行手段,才能降低乡村的交通碳排放。

4.8　乡村与城市的碳排碳汇量比较

在已有的研究中,鲜有针对同尺度的乡村的碳排碳汇研究。因此本书选择了相对成熟的中大型城市的碳排放核算研究结果,与本书的乡村碳排放核算结果进行比较。

4.8.1　碳汇

城市碳汇研究主要以森林为核算对象。城市森林作为城市生态系统的重要组成部分,具有环境、经济和社会的多重效益,在减少 CO_2、缓解气候变化影响中扮演重要角色。碳固定是城市森林碳汇研究的重要指标,为森林植被通过生命活动在一年中所固定的碳量,反映了单位时间内森林植被的净固碳能力(周健等,2013)。

本书在已有的文献中筛选了 8 个国内外不同城市(表 4-86),将其人均 CO_2 吸收量和本研究核算的乡村碳汇量进行比较,结果如图 4-8 所示。案例乡村的碳汇量两极分化严重。大部分案例乡村的碳汇与城市相比还是有明显的优势,例如,M1村、M2村、H1村、H2村和I1村的碳汇量高于清单中除杭州以外的所有的城

表 4-86　　典型城市和案例乡村人均年碳汇量统计清单

名称	人均 C 固定/t	人均 CO_2 吸收/t	年份	来源
北京	0.015	0.055	2003	樊登星等, 2008
上海	0.0639	0.2343	1998—2007	李敏霞等, 2010
广州	0.0519	0.19	2010	周健等, 2013
杭州	0.1555	0.57	2010	Zhao et al., 2010
东京	0.0077	0.0282	1998—2007	李敏霞等, 2010
纽约	0.0055	0.02	2002	Nowak&Crane, 2002
芝加哥	0.016	0.0588	2002	Nowak&Crane, 2002
春川	0.0249	0.09	1996	Jo, 2002
P1	0.038	0.14	2014	核算结果
P2	0.003	0.0125	2014	核算结果
I2	0.000	0	2014	核算结果
I1	0.081	0.298	2014	核算结果
H2	0.082	0.3	2014	核算结果
H1	0.117	0.43	2014	核算结果
M2	0.191	0.7	2014	核算结果
M1	0.434	1.59	2014	核算结果

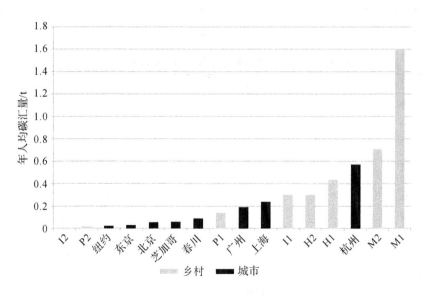

图 4-8　城市乡村碳汇量比较

市。(杭州由于其高达65%的城市森林覆盖率,碳汇量在省会级城市中居首位),P1村的碳汇量低于广州和上海,高于北京和芝加哥。I2村和P2村的碳汇量是最低的,甚至低于纽约和东京。这说明了乡村的碳汇主要依赖于自然生态资源,具有良好自然资源的乡村碳汇量是明显高于城市的;但是那些不具备天然条件的乡村,由于对建成区的人工生态资源的忽视,如园林绿地等的缺乏,其碳汇量反而低于城市。

4.8.2　碳源

当前针对中大型城市的碳排放核算研究已经比较成熟,本书在已有文献中选取了国内外41个大中型城市的碳源排放数据(表4-87),与前文计算的案例乡村的碳源排放数据结果进行了比较,结果如图4-9所示,案例乡村的碳排放两极分化相当明显。

除P2以外的七个乡村的人均碳排放明显低于2014年全球人均碳排放量(5 t)和中国人均碳排放量(7.2 t)。I1、M1和M2三个村的碳排放量接近于巴西的两个城市——圣保罗和里约热内卢;H2、P1、H1和I2四个村的碳排放量接近于国内的低碳排城市,衡水、西安和重庆。这说明了与大多数城市相比,长三角地区内绝大部分乡村的碳排放量还是相对较低的,但是乡村和城市的碳排放量并不存在明显的鸿沟和断层,相当一部分乡村的碳排放量与低碳排的城市非常接近。

P2村以重工业为主要产业,人均碳排放量非常高,比国内外知名的高碳排城市悉尼、丹佛、乌鲁木齐和苏州都要高。说明了长三角地区少数的工业型乡村,特别是以重工业为主的乡村的碳排放量已经远远超出城市。

表 4-87　典型城市和案例乡村人均碳排放量统计清单

名称	人均 CO_2 排放/t	年份	来源
上海	12.8	2006	Sugar 等,2012
天津	11.9	2006	Sugar 等,2012
北京	10.7	2006	Sugar 等,2012
无锡	14.26	2008	王海鲲等,2011
深圳	7.3	2011	李芬等,2013
衡水	2.6	2007	Zhifu Mi 等,2016
重庆	3.3	2006	Shobhakar Dhakal,2009
沈阳	10.9	2007	Zhifu Mi 等,2016
大连	8.4	2007	Zhifu Mi 等,2016
青岛	6.7	2007	Zhifu Mi 等,2016
西安	3.2	2007	Zhifu Mi 等,2016
唐山	10.2	2007	Zhifu Mi 等,2016

名称	人均 CO_2 排放/t	年份	来源
宁波	12.3	2007	Zhifu Mi 等,2016
赣州	2.91	2011	宋祺佼等,2015
乌鲁木齐	28.48	2011	宋祺佼等,2015
苏州	30.31	2011	宋祺佼等,2015
哈尔滨	6.4	2007	Zhifu Mi 等,2016
石家庄	9.1	2007	Zhifu Mi 等,2016
巴塞罗那	4.2	2006	Kennedy C 等,2009
温哥华	4.9	2006	City of Vancouver 等,2007
东京	4.89	2005	Kennedy C 等,2009
巴黎	5.2	2005	Kennedy C 等,2009
伦敦	9.3	2003	Kennedy C 等,2009
洛杉矶	13	2000	Kennedy C 等,2009
丹佛	21.5	2005	Kennedy C 等,2009
纽约市	10.5	2005	Dickinson 等, 2012
曼谷	10.7	2005	Kennedy C 等,2009
首尔	4.1	2006	Kennedy C 等,2009
悉尼	20.3	2006	City of Sydney,2008
圣保罗	1.4	2000	Kennedy C 等,2009
里约热内卢	2.1	1998	Kennedy C 等,2009
斯德哥尔摩	3.6	2005	Kennedy C 等,2009
奥斯陆	3.5	2005	Kennedy C 等,2009
墨西哥城	4.25	2007	Mexico City Government ,2009
斯图加特	16	2005	Kennedy C 等,2009
赫尔辛基	7.0	2005	Kennedy C 等,2009
法兰克福	13.7	2005	Kennedy C 等,2009
旧金山	10.1	2007	US EPA,2009
奥斯丁	15.57	2005	Kennedy C 等,2009
明尼阿波利斯	18.34	2005	Kennedy C 等,2009
芝加哥	12	2000	Centre for Neighbourhood Technology, 2008
P1	2.51		核算结果
P2	36.206		核算结果
I2	3.296		核算结果
I1	1.302		核算结果
H2	2.12		核算结果
H1	2.97		核算结果
M2	1.761		核算结果
M1	1.443		核算结果

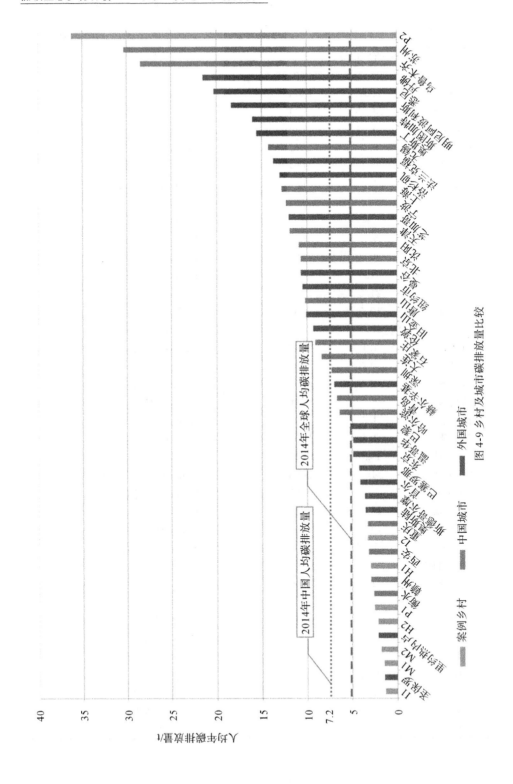

图 4-9 乡村及城市碳排放量比较

4.9 本章小结

本书在长三角地区平原、山地、丘陵、海岛 4 种不同地貌地形中各选取了具有区域产业代表性的 2 个乡村,共 8 个典型乡村作为低碳生态评价的研究案例,在 2015—2016 年对案例村庄的行政管理部门进行了访谈和文献查阅;对乡村进行了实地调研和入户问卷调查,共回收问卷 260 份,涉及人口 1274 人;采访了专业人士对农用物资的使用进行了经验估算,根据调研和问卷结果,应用前文的乡村碳排放评价模型对案例乡村的生态环境碳汇、经济产业碳排、建筑单体碳排和基础设施碳排放分别进行了核算。案例乡村碳汇聚量与地形地貌关系密切,山地乡村 M1 和 M2 的人均碳汇量远远高于其他类型的乡村,分别为 1.59 t 和 0.7 t,其他类型乡村的人均碳汇量均 0~0.43 t。案例乡村碳排量与产业类型有一定关联,工业为主要产业的 P2 村碳排放量最高,为 36.206 t/人,其他的 7 个乡村均在 1.302 t/人~3.296 t/人。

根据碳排放核算结果,乡村碳排放主要活动行为分别是森林碳汇、农田管理碳汇、产业经济碳排、居住建筑碳排、交通碳排。根据分项核算结果对五种活动行为的主要影响因素进行了分析,提出了有针对性的减碳增汇改善策略。最后,将案例乡村的碳汇碳排量与现有的城市碳汇碳排研究结果进行了比较。乡村的碳汇主要依赖于自然生态资源,具有良好自然资源的乡村碳汇量是明显高于城市的;但是那些不具备天然条件的乡村,由于对建成区的人工生态资源的忽视,乡村碳汇量反而低于城市。而案例乡村的碳排放和城市相比两极分化相当明显,与大多数城市相比,长三角地区内绝大部分乡村的碳排放量还是相对较低的,但是乡村和城市的碳排放并不存在明显的鸿沟和断层,相当一部分乡村的碳排放量与低碳排的城市非常接近。而长三角地区少数的工业型乡村,特别是以重工业为主的乡村的碳排放量已经远远超出城市。

5 案例乡村低碳生态综合评价

5.1 生态度评价

5.1.1 调研过程

本书在 2014 年 12 月—2015 年 6 月对平原、山地、丘陵、海岛 4 种不同地貌地形的 8 个案例乡村进行了乡村生态度的实地调研和信息采集,乡村的地理位置、调研时间和基本信息见表 5-1 和表 5-2。

5.1.2 主要影响指标和改善策略

5.1.2.1 主要影响指标

根据实地调研和村委数据收集结果,对 8 个案例乡村的 14 个指标进行分项打分,结果见表 5-1。

表 5-1 乡村分项指标得分

因子项	H1	H2	M1	M2	P2	P1	I2	I1
C1 规划编制	4	4	5	4	3	4	2.5	3
C2 政府管理	3	5	4	3	4	4	4	4
C3 自然生态	3.75	3.755	4	3.755	3.75	2.5	3.755	5
C4 建成生态	4	5	5	4	0	3.33	1.5	0
C5 污染治理	5	5	5	5	3.33	5	5	5
C6 道路交通	3.67	3.67	5	5	2.67	5	3.67	4.33
C7 废弃物处理	2.915	2.915	5	2.915	2.67	2.915	1.67	3.75
C8 公建配置	5	4.6	5	5	4.2	4.6	4.6	4.6
C9 社会保障	5	5	5	3	3	3	4	5
C10 产业建设	3	3	4	5	0	0	5	4
C11 集约用地	2.5	5	5	5	4.17	4.17	5	4.17
C12 建筑用水	1.5	0	0	2.5	2.5	2.5	2.5	2.5

续表

因子项	H1	H2	M1	M2	P2	P1	I2	I1
C13 建筑用能	0	0.5	3.3	3.125	1.67	0.83	0	2.5
C14 风貌建设	3	3	4.5	4	0	3	2	0

利用 SPSS 软件对数据进行了四分位数处理,得到分项指标的得分四分位数图(图 5-1)。

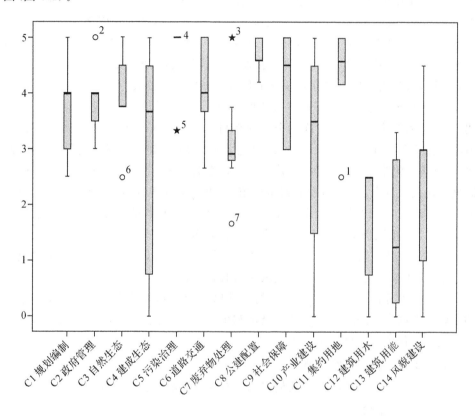

图 5-1　生态度分项指标得分四分位数图
(注:2—H2 村,3—M1 村,4—M2 村,5—P2 村,6—P1 村)

14 项因子中有 7 项的中位数高于或等于 4 分,分别是 C1 规划编制、C2 政府管理、C5 污染治理、C6 道路交通、C8 公建配置、C9 社会保障、C11 集约用地。C1 和 C2 是 B 级因子规划管理的下属指标,调研乡村基本都具备总体规划的编制,编制过程中考虑了公众参与,部分乡村的总体规划中有生态低碳规划篇章;村委的各项管理制度包括城建档案、环境卫生、绿化、村容秩序、防灾等,较为健全,说明长三角地区乡村在规划管理方面具有较高的低碳生态度。C6 和 C8 是 B 级因子基础设施的下属指标,调研乡村的主干道均采用水泥或沥青铺装,部分乡村在村口和中心广场位置布置了停车位;所有乡村都设置了医务所、小型零售商店等基本配套设施,以及和邻村共享的较为便利的教育资源,具备至少 3 项以上的文娱场所,包括图书室、老年活动中心、篮球场等,说明长三角地区乡村在基础设施建设方面具有相对较高的低碳生态度。

14 项因子中有 4 项因子的中位数水平低于或等于 3 分,分别是 C7 废弃物处理、C12 建筑用水、C13 建筑用能、C14 风貌建设,其中 C12、C13、C14 三项指标都隶属于 B 级因子建筑单体,部分调研乡村的建筑节水器具的使用率只有 60%,其中 6 个乡村清洁能源的使用率都低于 60%,雨水收集技术尚未普及,有建筑实施节能改造计划的比例非常少,部分乡村新建建筑的色彩、形式、材质与传统风貌不符,反映了长三角地区乡村建筑单体的低碳生态度相对较低。

14 项因子中有 3 项因子的得分跨度大于 4 分,分别是 C4 建成生态、C10 产业建设、C14 风貌建设,说明在这三个方面乡村之间的差异性很大。例如,M1 村的道路绿化覆盖率在 98% 以上,建成区绿化率大于 40%,建成生态的文明度很高,而 P2 村道路绿化覆盖率低于 50%,建成区绿化率低于 10%,与 M1 村的建成低碳生态度相比差距较大。M2 村发展苗木种植、毛竹加工等适合本地的经济产业,符合循环经济理念,而 P2 村有较多的化工厂和五金厂,高碳排的产业类型对环境影响较大。M1 村重视历史标志性环境要素的保护和建设,采用本土化的建材,如竹子、石材等,保持了村内主要建筑的材质、色彩、形式的协调性,而 I2 村建筑物色彩相差很大,建筑风格杂乱无序,建筑风貌的低碳生态度较差。

综合以上分析,可以发现案例乡村在政府管理和基础设施方面具有相对较高的低碳生态度,而在建筑单体、产业经济和生态环境方面差异性较大,因此这三者是影响乡村低碳生态度的主要因素。

5.1.2.2　重点改善策略

针对这三个主要影响因素我们提出了有针对性的改善策略和规划。

(1) 生态环境

辖区内的自然生态环境、辖区内的空气质量、地表水质等均应满足国家标准要求。乡村集镇中城市区域噪声应当按规划的功能区要求达到相应的国家声环境质量标准。提高山地丘陵类乡村和平原类乡村辖区内森林面积占土地面积的百分比,提高水乡类乡村辖区内保存的自然湿地面积占辖区内自然湿地总面积的百分比。

建立建成区良好的生态环境。增加各类公共绿地的总面积和乡村建成区的绿化覆盖面积。增加主要道路的绿化普及率,增加农田的林网化率。认真贯彻执行环境保护政策和法律法规,辖区内无滥垦、滥伐、滥采、滥挖现象,避免由于违反环境保护法规的经济、社会活动与行为而导致的重大环境污染或生态破坏事故的发生(国家环境保护总局,2014)。

(2) 经济产业

合理发展低碳生态的经济产业,使人均可支配财政收入水平高于当地平均水平的同时,单位 GDP 能耗即一次能源供应总量与国内生产总值(GDP)的比率低于当地平均水平。普及养老、医疗、失业、工伤等社会保险。

建立有特色有竞争力的经济产业,发展适合本地的各项特色创意主题活动和产业,使之成为较为固定的旅游或发展项目,培养有较强竞争力的企业集群,符合循环经济发展理念(住房与城乡建设部,2011)。

发展生态农业,提高农产品中无公害农产品、绿色食品或有机食品认证产品的比率。

(3) 建筑单体

集约用地,控制单位人口所拥有的建成区建设用地面积。集中建设的党政综合行政办公设施应符合城镇规划的要求,特别要符合国家有关节约用地、节能节水的相关规定;建设水平应与当地的经济发展水平相适应,做到实事求是、因地制宜、功能适用、简朴庄重,坚决避免"超标豪华办公楼"。

制定当地主要工业行业和公共用水定额标准,非居民用水全面实行定额计划用水管理。居民小区、公厕和公共建筑推广使用节水型器具。在重要地区设置有效的雨水收集系统,进行雨水收集。

重视可再生能源的利用,提倡可再生能源(包括水能、太阳能、生物质能、风能、地热能、海洋能)、低污染的化石能源(天然气),以及采用清洁能源技术处理后的化石能源(如清洁煤、清洁油)的使用。重视农作物秸秆的综合利用,主要包括粉碎还田、过腹还田、用作燃料、秸秆气化、建材加工、食用菌生产、编织等。乡村辖区全部范围划定为秸秆禁烧区,避免农作物秸秆焚烧现象。重视规模化养殖场的粪便综合利用,主要包括用作肥料、培养料、生产回收能源(包括沼气)等。

重视乡村建设风貌与自然环境的协调,并应体现地域文化特色。乡村主要建筑规模尺度适宜,色彩、形式协调。开发并提炼具有当地特色、因地制宜的低碳节能技术,广泛应用在住宅和公共建筑中。重视文化遗产的保护。辖区内历史文化资源,应依据相关法律法规得到妥善保护与管理。

5.1.3 评价结果

将分项指标得分结果带入公式 3-1 进行计算,得到乡村的低碳生态度得分结果(表 5-2)。8 个乡村中生态度评价为优的有 1 个,生态度为良的有 3 个,生态度为中的有 3 个,生态度为低的有 1 个。

表 5-2   低碳生态乡村评价结果

乡村	总分	等级	乡村	总分	等级	乡村	总分	等级	乡村	总分	等级
H1 村	68.3	中	M1 村	86.6	优	P2 村	55.8	低	I2 村	68.15	中
H2 村	75.5	良	M2 村	77.4	良	P1 村	67.8	中	I1 村	71.9	良

(1) 生态度优

M1 村的得分最高,为 86.6,其位于山地区域,是调研乡村中唯一一个生态度为优的乡村,其分项因子评价结果见表 5-3。该村在全省整体得分较高的 7 项中得分均高于中位数,同时在全省整体得分较低的 2 项 C7 废弃物处理、C14 风貌建设等方面明显优于其他乡村。特别值得借鉴的是该村的废弃物处理工作,M1 村的生活垃圾收集率和无害化处理率都达到了 100%。其中辖区内的龙庭坞自然村已经开始推广垃圾分类收集,道路边和房屋门口都可以看到不同颜色的垃圾桶(图 5-2),分类收集不同种类的垃圾。龙庭坞村还在主干道设置了垃圾分类的宣传栏,做好村民垃圾分类的宣传教育工作。现在龙庭坞的垃圾分类收集率已经达到了 100%,根据龙庭坞的人口进行折算,M1 村的垃圾分类收集比例达到了 40%,同时,M1 村采用雨污完全分流的排水方式,雨水主要利用地表径流的方式就近排放到溪河中,污水主要通过管道排放,分布较集中的居民点的污水由污水处理站集中处理后排放,分布较分散的居民点的污水由化粪池处理达到排放标准后排放,污水处理率达到了 100%。

表 5-3   优秀乡村分项因子评价结果

乡村	C1	C2	C3	C4	C5	C6	C7	C8	C9	C10	C11	C12	C13	C14
M1 村	5	4	4	5	5	5	5	5	5	4	5	0	3.3	4.5

图 5-2   M1 村垃圾分类收集箱和宣传栏

同时,该村十分重视规划编制工作,在 2013 年委托知名规划设计院重新编制了总体规划,并制定生态低碳乡村规划建设实施方案;该村非常重视历史标志性环境要素的保护和建设,对吴昌硕之父吴辛甲之墓进行了开发和修缮(图5-3),同时在细节设计时注意展示地方文化,包括村口的牌坊,遗址附近的铺地设计等,采用了一些当地的建材,如竹子、石材等;村内主要建筑的规模尺度适宜,色彩、形式较为协调。

图 5-3   M1 村吴辛甲之墓

(2) 生态度良

生态度为良的有 3 个乡村,H2 村、M2 村和 I1 村,得分别为 75.5、77.4、71.9,它们的分项因子评价结果见表5-4。在全省整体得分较高的 C1 规划编制、C2 政府管理、C5 污染治理、C6 道路交通、C8 公建配置、C9 社会保障、C11 集约用地 7 项中,该类乡村有 5 或 6 项都表现良好。H2 村仅 C6 道路交通一项得分低于中位数(4 分),主要由于该村机动车和非机动车路面材料均以水泥为主,不同层级道路材质区分不明显,没有利用地方石材资源(图5-4)。M2 村的 M2 村的 C2 政府管理和 C9 社会保障 2 项低于中位数,政府对创建绿色生态乡村责任明确,发挥领导和指导作用,进行了工作部署,但是没有落实资金补助;乡村的农村合作医疗覆盖率较低,为 75%。I1 村 C1 规划编制得分低于中位数,虽然有编制村庄建设总体规划,且在实施有效期内,但是没有得到较好落实。

表 5-4   良好乡村分项因子评价结果

乡村	C1	C2	C3	C4	C5	C6	C7	C8	C9	C10	C11	C12	C13	C14
H2 村	4	5	3.755	5	5	3.67	2.915	4.6	5	3	5	0	0.5	3
M2 村	4	3	3.775	4	5	5	2.915	5	3	5	5	2.5	3.125	4
I1 村	3	4	5	0	5	4.33	3.75	4.6	5	4	4.17	2.5	2.5	0

在全省整体得分居中的 3 项中(C3 自然生态、C4 建成生态、C10 产业建设),

该类乡村至少有一项得分高于或等于 4 分。H2 村在 C4 建成生态一项得分较高，建成区绿化覆盖率为 35%，主要道路绿化普及率在 95% 以上（图 5-5）。M2 村在 C10 产业建设中得分较高，M2 村大力发展绿色高新农业，依托自然资源建有铁皮石斛基地 50 亩，即将引进资金扩大至 300 亩，村中建有苗木基地 500 亩，同时利用自身特点发展木、毛竹等加工手工业，年产值约 400 万元。I1 村在 C3 自然生态一项中表现较佳，该村位于舟山市，环境空气质量达到国家二级标准，日空气质量指数（AQI）优良天数比例为 90.7%，森林面积为 1609 亩。

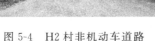

图 5-4　H2 村非机动车道路　　　　图 5-5　H2 村建成区绿化

在全省整体得分较低的 4 项中（C7 废弃物处理、C12 水资源利用、C13 能源利用、C14 风貌建设），H2 村、M2 村和 I1 村表现一般。M2 村在风貌建设一项中，对历史文化资源的传承和保护较好，该村是南宋状元刘章的家乡，依托历史文化资源在村口设置了牌楼，每年都举行状元节，在刘家祠堂举行祭奠仪式，发扬状元文化（图 5-6）。

图 5-6　M2 村状元故里

（3）生态度中

H1 村、P1 村和 I2 村得分分别为 68.3、67.8、68.15，生态度评价为中级。如表 5-5 所示，在全省整体得分较高的 C1 规划编制、C2 政府管理、C5 污染治理、C6 道路交通、C8 公建配置、C9 社会保障、C11 集约用地 7 项中,该类乡村表现与"良"组类似,有 4 到 6 项都表现良好。H1 村在 C1 规划编制、C5 污染治理、C8 公建配置、C9 社会保障方面表现优异,特别是在公建配置方面,村民活动场所配套较好,设置了 2 个门球场、村民文化礼堂、图书室、篮球场等,并安排专人管理,村民文化礼堂经常举办戏曲类等演出(图 5-7)。村里还组建了门球队、腰鼓队、排舞队、广场舞队,举办门球类比赛,多次在村篮球场组织篮球比赛,极大地丰富了村民的业余文化生活。P1 村在 C1 规划编制、C2 政府管理、C5 污染治理、C6 道路交通、C8 公建配置、C11 集约用地方面均有良好表现,特别是在道路交通方面,该村是为数不多的设置了植草砖停车位的乡村,并在沿河局部次级道路上铺设了石材、青砖等传统材料(图 5-8)。I2 村在 C2 政府管理、C5 污染治理、C8 公建配置、C9 社会保障、C11 集约用地方面表现良好,特别是在集约用地方面,I2 村是位于坡地的海岛村,村域面积仅 0.573 km²,用地较为紧张,单位人口所拥有的建成区建设用地面积和村委办公用房面积控制严格,符合指标。

表 5-5　中等乡村分项因子评价结果

乡村	C1	C2	C3	C4	C5	C6	C7	C8	C9	C10	C11	C12	C13	C14
H1 村	4	3	3.75	4	5	3.67	2.915	5	5	3	2.5	1.5	0	3
P1 村	4	4	2.5	3.33	5	5	2.915	4.6	3	0	4.17	2.5	0.83	3
I2 村	2.5	4	3.755	1.5	5	3.67	1.67	4.6	4	5	5	2.5	0	2

图 5-7　H1 村门球场　　　　　图 5-8　P1 村沿河道路和停车位

在全省整体得分居中的 3 项中(C3 自然生态、C4 建成生态、C10 产业建设),该类乡村表现一般,P1 村在 C3 自然生态和 C10 产业建设一项中得分较低,该村的自然森林资源比较匮乏,森林面积为 200 亩,林地率仅为 6.2%;乡村主要产业为砂洗厂和童装加工厂,缺乏循环经济理念,没有发展绿色生态农业。I2 村在 C4 建成生态一项中得分较低,乡村的建成区绿化率为 15%,远低于标准要求。

在全省整体得分较低的 4 项中(C7 废弃物处理、C12 水资源利用、C13 能源利用、C14 风貌建设),该类乡村得分普遍较低。

(4) 生态度低

P2 村得分为 55.8,是所有调研乡村中唯一一个没有达标的乡村,所有 14 项分项因子中,该村有 8 项因子评价为低,仅 C2 政府管理、C8 公建配置、C11 集约用地 3 项评价为优(表 5-6)。特别是 C4 建成生态、C10 产业建设、C14 风貌建设 3 项均没有得分,建成区绿化率仅有 15%,主要道路行道树普及率不到 30%,产业以五金企业和化工企业为主,缺乏循环经济理念,乡村风貌建设落后,建筑色彩、形式、材质不统一、不协调(图 5-9)。

表 5-6　不达标乡村分项因子评价结果

乡村	C1	C2	C3	C4	C5	C6	C7	C8	C9	C10	C11	C12	C13	C14
P2 村	3	4	3.75	0	3.33	2.67	2.67	4.2	3	0	4.17	2.5	1.67	0

图 5-9　P2 村建筑风貌和道路绿化

5.2　低碳生态综合评价

5.2.1　碳汇碳排评价

结合碳汇和碳排的计算结果,根据前文的碳排放综合评价方法,得到碳排放综合评价图(图 5-10)和乡村碳排放最终评价(表 5-7)。案例乡村分为高碳汇低碳排型、中碳汇低碳排型、中碳汇中碳排型和低碳汇高碳排型四类,山地区 M1 村和 M2 村为高碳汇低碳排乡村,得分最高(5 分),碳排放等级为优;平原区 P2 村和海岛区 I2 村为低碳汇高碳排乡村,得分最低(1 分),碳排放等级为差。

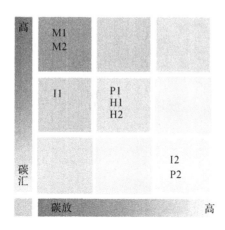

图 5-10　案例乡村碳排放评价结果

表 5-7　案例乡村碳排放评价分级结果

乡村	类别	得分	等级
P1	中碳汇中碳排型	3	中
P2	低碳汇高碳排型	1	差
H1	中碳汇中碳排型	3	中
H2	中碳汇中碳排型	3	中
I1	中碳汇低碳排型	4	良
I2	低碳汇高碳排型	1	差
M1	高碳汇低碳排型	5	优
M2	高碳汇低碳排型	5	优

5.2.2　碳汇生态度评价

　　结合前文碳汇和生态文明的案例计算结果,根据碳汇生态文明度评价方法,得到碳汇生态文明度评价图(图 5-11)和分级结果(表 5-8)。案例乡村分为高碳汇高生态度、高碳汇中生态度、中碳汇中文明度、低碳汇中生态度和低碳汇低生态度 5 类,山地区 M1 村为高碳汇高生态度乡村,得分最高(5 分),等级为优;平原区 P2 村为低碳汇低生态度,得分最低(1 分),等级为差。

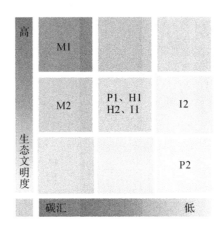

图 5-11   碳汇生态文明度评价结果

表 5-8   案例乡村碳汇生态度评价分级结果

乡村	类别	得分	等级
P1	中碳汇中生态度	3	中
P2	低碳汇低生态度	1	差
H1	中碳汇中生态度	3	中
H2	中碳汇中生态度	3	中
I1	中碳汇中生态度	3	中
I2	低碳汇中生态度	2	低
M1	高碳汇高生态度	5	优
M2	高碳汇中生态度	4	良

5.2.3   碳排生态度评价

结合前面碳汇排和生态文明的案例计算结果,根据碳排生态文明度评价方法,得到碳排生态文明度评价图(图 5-12)和分级结果(表 5-9)。案例乡村分为低碳排高生态度、低碳排中生态度、中碳排中生态度、高碳排中生态度和高碳排低生态度5 类,山地区 M1 村为低碳排高生态度乡村,得分最高(5 分),等级为优;平原区 P2村为高碳排低生态度,得分最低(1 分),等级为差。

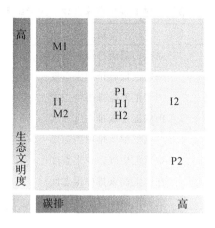

图 5-12　碳排生态度评价结果

表 5-9　案例乡村碳排生态度评价分级结果

乡村	类别	得分	等级
P1	中碳排中生态度	3	中
P2	高碳排低生态度	1	差
H1	中碳排中生态度	3	中
H2	中碳排中生态度	3	中
I1	低碳排中生态度	4	良
I2	高碳排中生态度	2	低
M1	低碳排高生态度	5	优
M2	低碳排中生态度	4	良

5.2.4　低碳生态综合评价

最后得到 8 个乡村低碳生态综合评价分级结果见表 5-10。2 个山地乡村表现优异,M1 村表现最佳,是高碳汇低碳排高生态度的乡村;M2 村次之,为高碳汇低碳排中生态度的乡村。经济产业产值最高的 2 个乡村 P2 村和 I2 村在低碳生态综合评价分级结果处于劣势,P2 村是低碳汇高碳排低生态度的乡村,I2 村是低碳汇高碳排中生态度的乡村。剩余的 4 个乡村 P1、H1、H2、I1 介于两者之间。

表 5-10　案例乡村低碳生态综合评价分级结果排序

乡村	类别	排名
M1	高碳汇低碳排高生态度	1
M2	高碳汇低碳排中生态度	2
I1	中碳汇低碳排中生态度	3
P1	中碳汇中碳排中生态度	4
H1	中碳汇中碳排中生态度	4
H2	中碳汇中碳排中生态度	4
I2	低碳汇高碳排中生态度	5
P2	低碳汇高碳排低生态度	6

5.3　低碳生态乡村类型

5.3.1　高碳汇低碳排高生态文明度

(1) 主要特征

该类型的乡村多为山地乡村,具有优异的先天自然生态环境,山林覆盖率很高,注重自然生态资源的维护和修复,注重秸秆的综合利用,秸秆还田率较高;产业类型多样,以农业和手工业为主要产业,农田机械化率较高,注重生态农业的发展,农田多采用水渠灌溉;由于就地取材的便利性,薪柴仍然是生活用能的最大碳排放来源,但是太阳能等清洁能源的普及率较高;采用雨污分流的排水方式,垃圾分类已经普及,垃圾无害化处理率高;编制了乡村总体规划和生态低碳规划,且实施度较高;道路铺装率高,不同层级道路材质区分清晰,村中设有停车位;乡村文化娱乐设施齐全;注意历史标志性环境要素的保护和建设,主要建筑规模尺度适宜,色彩、形式较为协调。

(2) 重点关注领域

该类乡村碳排放核算占比较高(大于 20%)的因子项是建筑用能和道路交通。生态文明度评价得分较低(小于 3 分)的因子项是建筑用水。

建筑用能方面,薪柴仍然是该类型乡村生活用能的最大碳排放源,同时,由于乡村住宅缺乏保温隔热措施,建筑热损失十分严重,因此优化能源结构,减少薪柴的使用比例,加强建筑维护结构的保温隔热是该类型乡村需要重点关注的领域。

道路交通方面,私家车碳排放比例非常高,因此大力发展公共交通,增加公交班次,减少私家车的使用也是该类型乡村需要重点关注的领域。

建筑用水方面,由于多数村民使用的是非付费的山水而非自来水,村民的节水意识较为淡薄,节水用具的普及率不高,未见对雨水的回收再利用技术。

5.3.2 高碳汇低碳排中生态文明度

(1) 主要特征

该类型的乡村多为山地乡村,具有优异的先天自然生态环境,碳排放特征与前者非常类似,风貌建设和传统文化资源保护也较好,但是在基础设施建设生态度方面与前者相比相对较弱,包括社保普及率、垃圾分类推广率、雨污分流方面,乡村建筑中太阳能等清洁能源的使用率较低。

(2) 重点关注领域

该类乡村碳排放核算占比较高(大于 20%)的因子项是:建筑用能。生态文明度评价得分较低(小于 3 分)的因子项是:废弃物处理、建筑用水。

建筑用能方面,优化能源结构,推广太阳能等清洁能源的使用,加强建筑维护结构的保温隔热是该类型乡村需要重点关注的领域。

建筑用水方面,由于很多村民使用的是免费的山水而非自来水,村民的节水意识较为淡薄,节水用具的普及率不高,未见对雨水的回收再利用技术。

废弃物处理方面,可以考虑逐步推广和普及家庭垃圾分类,采用有雨污水排水系统的完全分流制,提高污水处理率。

5.3.3 中碳汇低碳排中生态文明度

(1) 主要特征

具有良好陆地自然生态资源的海岛型乡村,拥有一定的山林面积,环境空气质量较佳,但是建成区绿化率较低。以旅游业为其主要产业,居住建筑的能源结构较为合理,以电力和液化石油气为主要能源,附以风能等清洁能源,不使用薪柴这种高碳排的生物质能。乡村文化娱乐设施齐全,乡村风貌建设不够统一。

(2) 重点关注领域

该类乡村碳排放核算占比较高(大于 20%)的因子项是:建筑用能。生态文明度评价得分较低(小于 3 分)的因子项是:废弃物处理、建筑用水。

生态资源方面,在保护现有的山林自然资源的基础上,增加建成区的绿化面积,提高行道树的覆盖率。

道路交通方面,大力发展公共交通,增加公交班次,减少私家车的使用依然是该类型乡村需要重点关注的领域。

风貌建设方面,重视加强对乡村传统建筑风貌的保护,增强乡村建筑的色彩、材质、形式的协调和统一性。

5.3.4　中碳汇中碳排中生态文明度

(1) 主要特征

该类乡村碳数量最多,包括自然生态环境较好的丘陵地区乡村和秸秆还田率较高的平原地区乡村两类。

丘陵乡村的山林覆盖率高,但是耕地的秸秆还田率低。产业类型单一,以农业为主。能源结构不合理,薪柴是生活用能的最大碳排放来源,太阳能等清洁能源的使用率较低。距离镇中心较远的乡村私家车的交通碳排放量很高。基础设施配套较好,村民文化生活丰富。

平原乡村的自然森林资源比较匮乏,但是农田的秸秆还田率较高。产业类型多样,以工业和农业为主。电力是生活用能的第一大来源,但是还是有一定量的薪柴的使用,太阳能等清洁能源的使用率较低。道路铺装层级区分明显,使用了石材、青砖等传统材料,在村中设置了停车位。

(2) 重点关注领域

该类乡村碳排放核算占比较高(大于 20%)的因子项是:建筑用能(丘陵)和经济产业(平原)。生态文明度评价得分较低(小于 3 分)的因子项是:自然生态、废弃物处理、产业建设、建筑用水、建筑用能。

建筑用能方面,应优化能源结构,推广太阳能等清洁能源的使用,加强建筑维护结构的保温隔热是该类型乡村需要重点关注的领域。

平原乡村在产业建设方面,应优化产业结构,从高碳化工业类型向低碳化工业类型转变,或积极发展高碳化工业的低碳化技术。

建筑用水方面,村民的节水意识较为淡薄,节水用具的普及率不高,未见对雨水的回收再利用技术。

废弃物处理方面,可以考虑逐步推广和普及家庭垃圾分类,采用有雨污水排水系统的完全分流制,提高污水处理率。

丘陵乡村应丰富产业结构,重视发展生态循环农业;平原乡村应该在保护原有的山林自然资源的基础上,提高建成区的绿化率。

5.3.5　低碳汇高碳排中生态文明度

(1) 主要特征

海岛地区乡村陆地自然生态资源奇缺,没有林地和耕地,用地紧张,建成区绿化率很低。该类乡村产业类型单一,以渔业为主要支柱产业,碳排放量很高。居住建筑的能源结构较为合理,以电力和液化石油气为主要能源,不使用薪柴这种高碳排的生物质能,清洁能源使用不多。私家车拥有率很低,交通碳排放量很少。废弃物处理方面管理较弱,养殖垃圾堆放随意,影响村容整洁。

(2) 重点关注领域

该类乡村碳排放核算占比较高(大于 20%)的因子项是:产业经济(渔业)。生态文明度评价得分较低(小于 3 分)的因子项是:规划编制、建成生态、废弃物处理、建筑用水、建筑用能、风貌建设。

应该在乡村规划编制上加强对生态低碳方面的考虑。

生态资源方面,在保护现有的山林自然资源的基础上,增加建成区的绿化面积,提高乡村的碳汇量。

产业建设方面,积极推广养殖和捕捞生产的低碳技术,降低渔业生产的碳排放量。

废弃物处理方面,应该严格垃圾定点堆放和集中收集,采用有雨污水排水系统的完全分流制,提高污水处理率。

建筑用能方面,优化能源结构,推广太阳能等清洁能源,加强建筑维护结构的保温隔热是该类型乡村需要重点关注的领域。

建筑用水方面,由于海岛区域淡水资源缺乏,可以考虑推广对雨水的回收再利用技术。

风貌建设方面,重视加强对乡村传统建筑风貌的保护,增强乡村建筑的色彩、材质、形式的协调和统一性。

5.3.6　低碳汇高碳排低生态文明度

(1) 主要特征

平原地区乡村,自然森林资源比较匮乏,农田的秸秆还田率也很低,建成区绿化率很低。主要支柱产业为五金和化工企业,缺乏循环经济理念,产业碳排放量非常高。电力是生活用能的第一大来源,但是还是有一定量的薪柴的使用,太阳能等清洁能源的使用率较低。较高的小汽车拥有率和较远的里程数,导致私家车的交通碳排放量非常大。废弃物处理的管理落后,没有完全做到定点堆放和及时收集,乡村风貌建设落后,建筑色彩、形式、材质不统一、不协调。

(2) 重点关注领域

该类乡村碳排放核算占比较高(大于 20%)的因子项是:产业经济(工业)。生态文明度评价得分较低(小于 3 分)的因子项是:建成生态、道路交通、废弃物处理、建筑用水、建筑用能、产业建设、风貌建设。

落实乡村总体规划,在乡村规划编制上加强对生态低碳方面的考虑。

生态资源方面,在保护现有的山林自然资源的基础上,增加建成区的绿化面积,提高行道树的覆盖率,提高乡村的碳汇量。

产业建设方面,优化产业结构,从高碳化工业类型向低碳化工业类型转变,或积极发展高碳化工业的低碳化技术。

建筑用能方面,优化能源结构,推广太阳能等清洁能源,加强建筑维护结构的保温隔热是该类型乡村需要重点关注的领域。

建筑用水方面,在海岛区域淡水资源缺乏,可以考虑推广对雨水的回收再利用技术。

道路交通方面,大力发展公共交通,增加公交班次,减少私家车的使用。

风貌建设方面,重视加强对乡村传统建筑风貌的保护,增强乡村建筑的色彩、材质、形式的协调和统一性。

5.3.7　低碳生态乡村类型小结

长三角地区乡村低碳生态类型的主要特征和碳排放薄弱环节,即低碳生态乡村重点关注领域见表 5-11。

表 5-11　低碳生态乡村类型汇总

碳排放类型	主要特征	重点关注领域
高碳汇低碳排高生态度	山地乡村,具有优异的自然生态环境;产业类型多样;薪柴等高碳排生物质能的使用率较高,清洁能源普及率高;采用雨污分流的排水方式,垃圾分类和无害化管理较好;道路层级明显,建筑风貌良好	建筑用能道路交通
高碳汇低碳排中生态度	山地乡村,具有优异的自然生态环境,薪柴等高碳排生物质能的使用率较高,清洁能源的使用率较低,产业碳排放量低,风貌建设较好。但基础设施建设与前者相比相对较弱,包括社保普及率、垃圾分类推广率、雨污分流等	建筑用能道路交通社会保障
中碳汇低碳排中生态度	具有良好陆地自然生态资源的海岛型乡村,拥有一定的山林面积,建成区绿化率较低。旅游业为其主要产业,居住建筑的能源结构合理,清洁能源的普及率高。乡村文化娱乐设施齐全,乡村风貌建设不够统一	建成生态道路交通风貌建设

续表

碳排放类型		主要特征	重点关注领域
中碳汇中碳排型中生态度	类型一	丘陵乡村,山林覆盖率高,耕地的秸秆还田率低。产业类型单一,以农业为主。薪柴是生活用能的最大碳排放来源,太阳能等清洁能源的使用率较低。距离镇中心较远的乡村私家车的交通碳排放量很高。基础设施配套较好,村民文化生活丰富	废弃物处理、建筑用水、建筑用能
	类型二	平原乡村,自然森林资源匮乏,农田的秸秆还田率较高。产业类型多样,以工业和农业为主。有一定量的薪柴的使用,太阳能等清洁能源的使用率较低。乡村风貌良好,道路铺装层级区分明显,使用传统材料	自然生态、废弃物处理、经济产业、建筑用水、建筑用能
低碳汇高碳排中生态度		海岛乡村,陆地自然生态资源奇缺,用地紧张,建成区绿化率很低。产业类型单一,以渔业作为主要支柱产业,碳排放量很高。居住建筑的能源结构较为合理,但清洁能源使用不多。私家车拥有率很低。废弃物处理方面管理较弱	建成生态、道路交通、废弃物处理、产业建设、建筑用水、建筑用能、风貌建设
低碳汇高碳排低生态度		平原乡村,自然森林资源匮乏,农田的秸秆还田率低,建成区绿化率低。主要支柱产业为五金和化工企业,产业碳排放量高。有一定量的薪柴的使用,太阳能等清洁能源的使用率较低。导致私家车的交通碳排放量大。废弃物处理的管理落后,乡村风貌建设落后	建成生态、道路交通、废弃物处理、建筑用水、建筑用能、产业建设、风貌建设

5.4 本章小结

本章对平原、山地、丘陵、岛屿 4 种不同地貌地形的 8 个案例乡村进行了乡村生态度的实地调研和信息采集,根据前文的乡村生态度评价方法对案例乡村的生态度进行了评价。8 个案例中位于山地区域的 M1 村的得分最高为 84.9,是调研乡村中唯一一个低碳生态度为优的乡村;低碳生态度为良的有 3 个乡村,H2 村、M2 村和 I1 村,得分分别为 75.5、77.4、71.9;H1 村、P1 村和 I2 村得分分别为 68.3、67.8、68.15,低碳生态度评价为中级;P2 村得分 55.8,没有达标。分项评价结果中,14 项因子有 7 项得分的中位数高于或等于 4 分,分别是 C1 规划编制、C2 政府管理、C5 污染治理、C6 道路交通、C8 公建配置、C9 社会保障、C11 集约用地;14 项因子中有 4 项因子的中位数水平低于或等于 3 分,分别是 C7 废弃物处理、C12 建筑用水、C13 建筑用能、C14 风貌建设;14 项因子中有 3 项因子的得分跨度大于 4 分,分别是 C4 建成生态、C10 产业建设、C14 风貌建设。经过分析发现案例乡村在政府管理和基础设施方面具有相对较高的低碳生态度,而在建筑单体、产业经济和生态环境方面整体生态度较低且差异性较大,因此这三者是影响长三角地区乡村低碳生态度的主要因素。

结合前面的碳排放核算结果,对 8 个案例乡村的碳排、碳汇和生态度进行了低碳生态综合评价,2 个山地乡村表现优异,其中 M1 村表现最佳,是高碳汇低碳排高生态度的乡村;M2 村次之,为高碳汇低碳排中生态度的乡村。经济产业产值最高的 2 个乡村 P2 村和 I2 村在低碳生态综合评价分级结果中处于劣势,P2 村是低碳汇高碳排低生态度的乡村,I2 村是低碳汇高碳排中生态度的乡村。剩余的 4 个乡村 P1、H1、H2、I1 评价结果介于两者之间。

最后,根据综合评价结果,提炼了为 6 种不同的长三角地区低碳生态乡村类型:高碳汇低碳排高生态度、高碳汇低碳排中生态度、中碳汇低碳排中生态度、中碳汇中碳排型中生态度、低碳汇高碳排中生态度、低碳汇高碳排低生态度,并分析了这 6 种不同类型的低碳生态乡村的特征和重点关注领域。

6 基于 STIRPAT 模型的乡村碳排放测度方法

　　基于排放系数的乡村碳排放核算方法准确度较高,可以针对不同类型碳排放活动的碳排放量进行有针对性的分类核算,有利于具体的政策制定和部门管理。但是该核算方法也有一定的局限性:需要大量的问卷和实证调研数据支撑,前期调研耗时较长耗力较大。因此本章试图构建一种相对简单的碳排放测度模型,能够通过若干个基本且易获取的乡村数据对该乡村的整体碳排放量进行测度,该方法能够高效和快速地估算较大行政范围的乡村碳排放水平,有利于多个不同乡村碳排放水平的定位和比较。

6.1　相关概念

6.1.1　STIRPAT 模型

(1) 模型的源起

　　STIRPAT 模型是 IPAT 模型的扩展。20 世纪 70 年代,美国斯坦福大学教授 Ehrlich 和 Holdren 提出了 $I=PF$ 公式,式中:I 为环境压力,P 为人口数量,F 为人均环境压力,表达了人均影响对区域环境的压力作用。随后,Commoner(1992) 尝试用数学模型阐释人口、财富与环境压力之间关系,在上述公式的基础上提出了经典的 IPAT 模型,公式如下:

$$I=P\times A\times T \tag{6-1}$$

式中:I——环境压力;

　　P——人口数量;

　　A——富裕度,即人均消费或人均生产;

　　T——技术水平。

　　IPAT 模型的推导过程如下。

　　模型的基础公式:$I=I$,在公式的右边乘以 C/P,其中,C 代表消费量或者国民生产总值,P 代表人口数量。

$$I=(I/C)\times(C/P)\times P$$

　　设 $I/C=T$,$C/P=A$,得到 $I=PAT$.

　　由于 IPAT 方程具有便利的操作性和相对简单的结构,被广泛应用在环境经济和能源领域,但是该方程也存在着一定的局限性。首先,因为 IPAT 方程是一个恒等式,自变量与因变量之间只存在相同比例的变化。但实际上,在多因素作用影响下,驱动力与环境影响之间存在不同比例的变化,将环境影响与各个驱动力之间的关系简单地处理为同比例线性关系,不能反映出驱动力变化时环境影响的变化程度。因此单纯使用 IPAT 方程研究各因素对环境的影响程度有一定的局限;其次,等式两边的量纲统一,限制了其他可能影响环境压力的社会因素;再次,该方程无法进行假设检验(York et al. ,2003)。

　　为了克服 IPAT 模型的上述局限性,York 等(2003)建立了 IPAT 方程的随机模型——STIRPAT(stochastic impacts by regression on population, affluence, and technology)模型。其公式表示为

$$I = aP^bA^cT^de \tag{6-2}$$

其中,I(Impact)、P(Population)、A(Affluence)、T(Technology)含义如公式(6-1)所示;a 是方程系数;b、c、d 分别是人口数、富裕度和技术水平等驱动力的指数,指数的大小代表驱动力对环境的影响大小;e 是误差项。

　　显然,IPAT 方程是 STIRPAT 模型的特殊形式。当 STIRPAT 模型中的 $a=b=c=d=e=1$ 时,该模型等同于 IPAT 方程。指数的引入就是为了克服 IPAT 模型的局限性,使驱动力与环境影响之间不同程度的变化能被模型模拟和分析,从而应用于国内外能源消费及碳排放影响机制研究当中(王泳璇,2016)。

　　为了方便研究实际应用,常将公式两边取对数,得到下列公式:

$$\ln I = \ln a + b(\ln P) + c(\ln A) + d(\ln T) + \ln e \tag{6-3}$$

其中,各变量指代含义与公式(6-2)相同。公式(6-3)的标准回归系数反映的是解释变量对被解释变量的影响程度与方向,其中系数的绝对值大小表征着解释变量的影响程度,系数正负表征着解释变量的影响方向。标准回归系数的绝对值越大,说明与其他因素相比,其影响程度越高;反之,绝对值越小其影响程度越小(王泳璇,2016)。

(2) 模型的拓展

　　STIRPAT 模型中的自变量 P、A、T 并不是固定的,可以分解成在概念上相吻合的其他变量。例如:Cramer(1998)把人口因素(P)分解成平均家庭规模和家庭数量两个指标,分析两者对环境压力的影响;朱远程等(2012)将人口(P)分解为人口数量和城镇化水平两项指标,研究了北京 CO_2 排放与人口和技术因素的关系;York 等(2007)把人口因素(P)分解成人口总数和经济生产人口两个指标,分析两者对环境压力的影响;陈庆等(2011)将富裕度因素(A)分解成人均 GDP 和人类发展指数,分析其对生态足迹表征的环境影响。

　　Dietz 等(1997)指出,STIRPAT 模型中的技术变量(T)不是单一因素,它由众

多影响环境因素组合而成,因此对技术变量 T 进行重新认定具有非常重要的意义。针对变量 T 的处理与分解也是在当前研究中最为常见的(表 6-1)。

表 6-1 STIRPAT 模型的技术变量(T)

影响因素(I)	T 指标	文献来源
能源消费	包含在残差项 e 中	王立猛等,2008
	万元 GDP 能耗、第三产业比重和城镇化率	吴敬锐等,2011
	城镇化	York 等,2007
CO$_2$ 排放量	包含在残差项 e 中	刘宇等,2007
	能源强度、第二产业比重	朱远程等,2012
	能源强度和第二、三产业比重	张佳丽,2011
	能源消费结构、城镇化水平、人均消费额和对外贸易度	马宏伟等,2015
	城镇化率、第三和第二产业比重、基尼系数	陈庆,2011
碳足迹	城镇化水平和产业结构	陈强强等,2009
	现代化、经济区位、自然区位	徐中民等,2005

(3) 模型的应用

STIRPAT 模型及其拓展形式因其自身优点被广泛应用于能源消费、低碳经济、水土资源等多个领域,该模型使得影响环境压力的多个因素都得到了反映,对研究和制定决策起到了关键作用;其中,基于 STIRPAT 及其扩展模型定量分析社会经济因素对污染物排放的影响是目前最广泛的一个方面,尤其是以温室气体 CO$_2$ 为重点开展了大量的实践研究(王永刚等,2015)。

Dietz 等(1997)根据 111 个样本数据,使用 STIRPAT 模型,分析了人口、经济和技术对 CO$_2$ 排放量的影响,结果表明,人口因素是影响 CO$_2$ 排放量的主要因素,影响弹性系数在 $0.972 \sim 1.019$。Shi(2003)通过 STIRPAT 模型分析了多个国家近 20 年的人口数据,证明人口与 CO$_2$ 排放量呈正相关关系。Fan 等(2006)使用 STIRPAT 模型分析了 1975—2000 年不同收入水平国家人口、财富和技术对 CO$_2$ 排放总量的影响。朱勤等(2010)通过对 STIRPAT 模型的扩展,应用岭回归方法计量分析人口、消费及技术因素对碳排放量的影响,结果表明,扩展的 STIRPAT 模型对中国国情有较高的解释力。朱远程等(2012)基于 STIRPAT 模型基础,应用岭回归方法和弹性理论方法,分析北京地区经济发展过程中产生的碳排放总量与人口数量、城镇化进程、人均 GDP、能源强度和第二产业比重的驱动关系,结果表明城镇化水平(P1)对二氧化碳排放的影响最大,弹性系数达到了 0.77。Li 等(2012)基于 STIRPAT 模型,根据 1990—2010 年间各省碳排放情况将中国 30 个省级行政区分为 5 个区域并进行分析,结果表明 GDP、工业结构、人口、城镇化和技术水平都是影响碳排放的主要因素,但各因素对碳排放的影响大小各不相同。

综上所述,目前采用 STIRPAT 模型用来分析碳排放的影响因素已经得到广泛的应用,但是大多以国家、省域或城市为研究对象计算影响因素对碳排放变动的影响,针对乡村尺度的研究较为罕见。而乡村和城市的碳排放影响因素有较大差异,基于此本书采用 STIRPAT 模型分析乡村碳排放的主要影响因素,建构乡村碳排放的测度方法。

6.1.2 弹性系数

弹性系数(Coefficient of Elasticity)概念 2003 年由 York R. 提出,表示驱动因素的变化能够带来环境压力的贡献作用或者灵敏度(York et al., 2003)。经济学中的弹性是指一个变量变动的百分比相应于另一变量变动的百分比来反应变量之间的变动的敏感程度,其公式可表示为:

$$EE = (\Delta y/y)/(\Delta x/x) \times 100\% \tag{6-4}$$

STIRPAT 模型中的人口弹性系数(EE_{IP})表示人口规模的变化所引起环境压力的变化,富裕度弹性系数(EE_{IA})表示表征富裕度指标的变化所产生的环境压力变化,技术水平弹性系数(EE_{IT})表示技术水平指标的变化所产生的环境压力变化(王永刚等,2015)。

利用 STIRPAT 模型测定人口、富裕度和技术水平对环境影响的弹性系数,在公式(6-3)中,系数 b、c、d 表示 P、A、T 每发生 1% 变化,将分别引起 I 发生 $b\%$、$c\%$、$d\%$ 的变化。如果系数等于1,说明环境影响与驱动力存在相同的变化速度;如果系数大于1,说明该项驱动因素引起环境变化的速度要超过驱动因素的变化速度;如果系数小于1(但大于0),说明该项驱动因素引起的环境变化的速度要小于驱动力的变化速度;如果系数小于0,则说明该项驱动因素具有减缓环境影响的作用(York et al., 2003)。

6.2 STIRPAT 扩展模型的构建

6.2.1 变量的选择

STIRPAT 模型的原始公式为:

$$\ln I = \ln a + b(\ln P) + c(\ln A) + d(\ln T) + \ln e \tag{6-5}$$

由于 STIRPAT 模型比较灵活,允许加入或修改若干影响因素,因此在乡村碳排放的测度模型中,我们保留 P(人口)和 A(富裕度)两个自变量,对 T(技术水平)这一因素根据乡村的特性进行重新认定。

已有文献中城市和国家尺度的研究中自变量 T 主要针对经济产业设定,但是针对农村碳排放的文献研究表明,居民的生活行为模式是影响乡村碳排放的重要因素(陈艳,2012;Liu et al.,2013)。乡村碳排放的主要排放源分别是产业碳排放(包括农渔业、工业和第三产业)、居住建筑的碳排放(包括建筑用能、建筑用水、废弃物处理),以及道路交通碳排放(包括私家车碳排放和公共交通碳排放)。居住建筑的碳排放和道路交通碳排放都可以归结为居民生活的碳排放。因此,考虑将 T(技术水平)这一因素拆分为居民生活和经济产业两部分。

(1) 居民生活

乡村居民的生活方式是影响乡村居民生活碳排放的主要因素(陈艳,2012)。根据图 6-1 长三角地区案例乡村居民生活碳排放核算结果,最大的两个排放源分别为建筑用能和道路交通。因此居民建筑用能模式和居民交通出行方式是影响长三角地区乡村居民生活碳排放的主要因素。

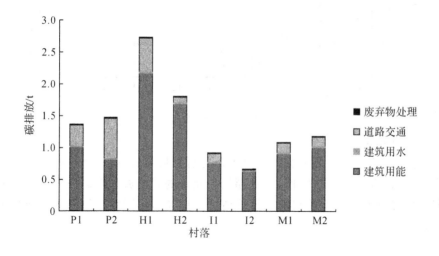

图 6-1 案例乡村乡村居民生活人均碳排放

1)根据前文的案例乡村居民建筑用能碳排放结果(图 4-6),居民建筑用能模式中对碳排放影响最大的因素是村民对薪柴的使用。本书中将自变量 T 的第一个因素拟定为 T_e(用能模式),通过使用薪柴的家庭户比例来表征。

根据实地调研,长三角地区乡村居民的薪柴使用场所以厨房为主,使用方式有三种:

①以薪柴为主要厨房燃料。大部分炊事活动以薪柴为主要能源,灶台是主要的炊事用具。

②以薪柴为辅助厨房燃料。由于偏爱柴火饭的口感,仅用薪柴作为煮饭的燃料,其他炊事能源为电力(电磁炉)或者瓶装液化气(煤气灶)。

③完全不使用薪柴。使用电力(电磁炉)或者瓶装液化气(煤气灶)作为炊事能源。

本书以薪柴为主要燃料的家庭户比例计算的是以薪柴为主要厨房燃料的第一类家庭户占该村所有家庭户的比例。

2)据前文的案例乡村道路交通人均碳排放结果(图 6-2),居民交通工具使用模式中对碳排放影响最大的是小汽车的使用。考虑数据提取的可操作性和便利性,本书中将自变量 T 的第二个因素拟定为 T_t (出行模式),通过乡村私家小汽车的拥有率来表征。

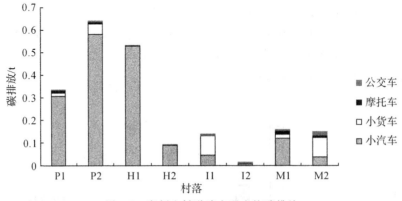

图 6-2   案例乡村道路交通人均碳排放

(2) 经济产业

根据前文的案例乡村碳排放核算评价分析结果,经济产业是乡村碳排放的第二大排放源,部分乡村的占比甚至远超居住建筑的碳排放。根据长三角地区案例乡村不同经济产业类型的碳排放核算结果(图 6-3),不同乡村的产业类型和比重差异较大。

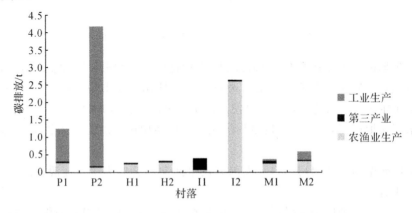

图 6-3   案例乡村不同经济产业类型人均碳排放

农业生产碳排放在其中五个乡村中排名第一,三个乡村中排名第二,是重要的经济产业排放源。根据农业碳排放计算公式,考虑数据收集的可操作性和便捷性,将农业产业规模拟定为自变量 T 的第三个因素 T_a,通过乡村耕地面积来表征。

工业生产碳排放在平原乡村中远超其他产业,而且以工业产业为主导产业的乡村,其碳排放量往往远高于其他乡村,可见工业生产对乡村碳排放总量起着决定性的作用。所以考虑将产业结构拟定为自变量 T 的第四个因素 T_s,通过工业产业 GDP 占比来表征。

因此,初步筛选的基于 STIRPAT 模型的乡村碳排放自变量见表 6-2。

表 6-2　STIRPAT 模型自变量初选

变量	代表字母	含义	单位
人口	P	乡村常住人口规模	人
富裕度	A	乡村人均 GDP	万元
用能模式	T_e	以薪柴为主要燃料的家庭户比例	%
出行模式	T_t	私家小汽车的拥有率	%
农业产业规模	T_a	乡村耕地面积	亩
产业结构	T_s	第二产业 GDP 占比	%

6.2.2　模型的拟合

基于上述变量的选取,本书的 STIRPAT 扩展模型初步建立如下:

$$\ln I = \ln a + b(\ln P) + c(\ln A) + d(\ln T_e) + e(\ln T_t) + f(\ln T_a)$$
$$+ g(\ln T_s) + \ln h \tag{6-6}$$

其中,a、b、c、d、e、f、g、h 为常数项,I、P、A、T_e、T_t、T_a、T_s 为变量。变量对应的指标含义见表 6-2。b、c、d、e、f、g 为各个指标的弹性系数,人口指标每变动 1%,将会造成二氧化碳排放量变动 b%;富裕度指标每变动 1%,将会造成二氧化碳排放量变动 c%;用能模式指标每变动 1%,将会造成二氧化碳排放量变动 d%;出行模式指标每变动 1%,将会造成二氧化碳排放量变动 e%;农业产业规模每变动 1%,将会造成二氧化碳排放量变动 f%;产业结构指标每变动 1%,将会造成二氧化碳排放量变动 g%。

本书采用初选变量的案例调研结果(表 6-3)取对数后,以线性 STIRPAT 扩展方程(6-6)为模型,利用统计学软件 SPSS 进行多元回归分析,回归结果整理见表 6-4。

从回归结果可以看出,调整后 R^2 为 0.973,但是显著性检验结果为 0.116($>$ 0.05),说明回归方程没有通过显著性检验。其中 T_s(产业结构)显著性最高为 0.247,标准化系数最低仅为 0.047,共线性指标方差膨胀系数 VIF 大于 5,说明该自变量与因变量之间的回归不显著,且与其他变量之间有较大的共线性,没有通过检验。考虑变量 T_s（产业结构）与变量 A（富裕度）有较高的相关度，因此考虑剔除变量 T_s（产业结构）后，对 STIRPAT 方程（6-6）重新进行多元回归分析，回归结果整理见表 6-5。

表 6-3　初选变量的案例调研结果

乡村	农地面积/亩	私家车拥有率	第二产业GDP 占比	薪柴使用户比率	人均GDP/万元	人口/人	人均碳排/t
P1 村	1239	0.189	0.861	0.125	1.112	1323	2.604
P2 村	1108	0.204	0.995	0.2	18.003	2205	36.218
H1 村	785	0.1486	0	0.55	0.269	1043	2.97
H2 村	1119	0.0433	0	0.632	0.348	1154	2.12
M2 村	1700	0.091	0.1554	0.16	0.737	1648	1.761
M1 村	514	0.0543	0.0219	0.304	2.089	608	1.443
I1 村	0	0.047	0	0	1.615	805	1.302
I2 村	0	0.0097	0	0	12.725	925	3.296

表 6-4　模型初步回归结果

变量	非标准化系数	标准化系数	方差膨胀系数 VIF	显著性
常数	−3.039	0.000		0.193
P	2.263	0.667	2.251	0.088
A	0.619	0.688	3.400	0.105
T_e	4.364	0.579	3.554	0.127
T_t	0.459	0.336	4.898	0.247
T_a	−0.160	−0.374	5.310	0.232
T_s	0.219	0.047	7.339	0.247
调整后 R^2	0.973		方程显著性	0.116

表 6-5　剔除变量 T_s 后模型回归结果

变量	非标准化系数	标准化系数	方差膨胀系数 VIF	显著性
常数	−3.079	0.000		0.046
P	2.295	0.677	1.948	0.009
A	0.638	0.649	1.943	0.008
T_e	4.265	0.566	2.985	0.019
T_t	0.494	0.361	2.784	0.042
T_a	−0.154	−0.360	4.684	0.067
调整后 R^2	0.986		方程显著性	0.010

从回归结果可以看出,剔除变量 T_s 后方程的调整后 R^2 为 0.986,显著性检验结果为 0.010($<$0.05),说明回归方程的显著性检验和拟合度的指标都有不同程度的提升。同时,各项参数质量也得到了显著提高,全部自变量参数都通过了显著性 7％的 t 检验,方差膨胀系数 VIF 下降到了 5 以下。因此,该回归方程结果更加合理,最终的乡村碳排放测度 STIRPAT 模型方程如下:

$$\ln I = -3.079 + 2.295 (\ln P) + 0.638 (\ln A) + 4.265(\ln T_e)$$
$$+ 0.494(\ln T_t) - 0.154(\ln T_a) \tag{6-7}$$

表 6-7　STIRPAT 最终模型变量和含义

变量	代表字母	含义	单位
乡村碳排放总量	I	乡村二氧化碳排放总量	吨(t)
人口	P	乡村常住人口规模	人
富裕度	A	乡村人均 GDP	万元
用能模式	T_e	薪柴为主要燃料的家庭户比例	％
出行模式	T_t	私家小汽车的拥有率	％
农业产业规模	T_a	乡村耕地面积	亩

6.2.3　模型的校验

为了校验模型的准确性,将 8 个不同地形地貌的案例基于排放系数法的碳排放核算的碳排放总量和基于 STIRPAT 模型的碳排放测度结果进行对比,结果如表 6-8 和图 6-4 所示。

表 6-8　核算碳排放总量和碳排放测度结果　　单位:t

序号	1	2	3	4	5	6	7	8
乡村	P2 村	P1 村	H1 村	H2 村	M2 村	M1 村	I1 村	I2 村
碳排放核算总量	79860.7	3445.1	3097.7	2446.5	2902.1	877.3	1048.1	3048.8
碳排放测度结果	83710.2	3153.6	2760.5	2632.6	3037.5	918.8	1165.8	2744.9
误差率	4.82％	8.47％	10.9％	7.61％	4.66％	4.72％	11.2％	9.97％

通过图 6-4 可以发现,模型测度结果曲线和核算碳排放总量曲线整体趋势有较高的拟合度。说明本章建构的基于 STIRPAT 模型的乡村碳排放测度模型的准确度在可以接受的范围内,能对乡村碳排放量进行便利化的测算和分析。

其中海岛类乡村的误差率稍高,I1 村和 I2 村的误差率分别为 11.2％、9.97％,主要原因是海岛村的第一产业以渔业为主,农业比例很低,模型中的变量 T_a(农业产业规模)对海岛村的碳排放显著性不够高。考虑在今后的研究中,增加

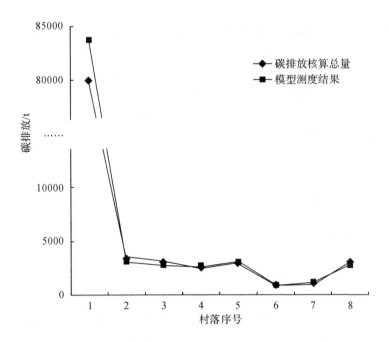

图 6-4　碳排放核算和模型测度结果比较

海岛乡村的基础数据,筛选增补渔业相关变量,对现有模型进行补充。

6.2.4　影响因素的分析

　　根据拟合后的乡村碳排放测度 STIRPAT 模型方程(6-7)对长三角地区乡村的碳排放影响因素进行了分析。依据回归模型的标准化系数,对碳排放影响最大的因素是乡村人口规模,标准化系数达到了 0.677。变量 P(人口)的弹性系数为 2.295,说明人口每增加 1%,碳排放量增加 2.295%。人类的各种行为,无论是生产和生活,都会消耗能源并产生二氧化碳,人口规模的增加必然造成二氧化碳排放总量的"刚性"增加。

　　对碳排放影响第二大的因素是乡村富裕度,标准化系数达到了 0.649。变量 A(富裕度)的弹性系数为 0.638,说明人均 GDP 每增加 1%,碳排放量增加 0.638%。客观来说人均 GDP 增长使得人均收入提高,生活水平和生活质量不断改善,消费能力逐步增强,家用电器的数目和种类,空调的使用频率都会增加,势必导致二氧化碳排放总量的增长;另一方面,从调研案例中发现,长三角地区乡村较高的人均 GDP 常常来自于较高的工业生产产值和渔业生产产值,而这两种产业的快速发展直接导致二氧化碳排放总量的高速增长。

　　居民的用能模式是对碳排放影响的重要因素,标准化系数为 0.566,变量 T_e(用能模式)的弹性系数为 4.265,即秸秆薪柴大量使用户比率每增加 1%,碳排放量增加 4.265%。说明用能模式(秸秆薪柴的使用)对乡村碳排放的增加有着显著作用。这一研究结果与已有的一些相关文献相吻合。

居民的出行模式对乡村碳排放有着一定的影响,标准化系数为 0.361,变量 T_t(出行模式)的弹性系数为 0.494,说明私家车拥有率每增加 1%,碳排放量增加 0.494%。调研中发现越来越多的乡村居民离开乡村在附近的乡镇上班,而很多乡村的公交车频率都在一天八班左右,远远不能满足村民的出行要求。通勤距离的增加,公共交通的缺失,生活水平的提高,导致了私家车拥有率的提高,而私家车的大量使用无疑会增加二氧化碳排放。

农业规模与乡村碳排放量呈负相关,变量 T_a(农业规模)的弹性系数为 -0.154,即农业用地面积每减少 1%,碳排放量增加 0.154%。随着越来越多的农业用地面积被工业用地、居住用地所取代,农业规模缩小,农业用地碳排放被更高能耗高碳排的工业产业、居住建筑所取代,农业产业的碳排放不再显著,因此,这一指标对于长三角地区乡村碳排放来说呈现负相关的状态。

6.3　本章小结

基于排放系数的乡村碳排放核算方法虽然准确度较高,但是这种方法需要大量的调研数据支撑,在前期数据收集时需要耗费较多的时间,无法在短时间内给乡村的碳排放量进行评估,因此本章研究了长三角地区乡村碳排放的简便测算方法,尝试使用若干个易获取的、常规的乡村基础数据,对乡村的碳排放水平进行相对准确的评测。

研究首先基于已经被广泛应用于环境影响评价中的 STIRPAT 模型,结合已有文献研究,根据长三角地区乡村碳排放特点,筛选有代表性的、操作性强的变量(人口、富裕度、用能模式、出行模式、农业规模)。其次根据前文的乡村碳排放案例核算结果的数据,运用统计软件 SPSS 进行模型拟合,构建基于 STIRPAT 模型的乡村碳排放测算方法。然后运用该方法重新测算长三角地区的 8 个案例乡村,将测算结果与乡村碳排放核算方法计算结果进行比较,校验该测算方法的准确度。经过计算比较,基于 STIRPAT 模型的乡村碳排放测算方法的误差率低于 12%,是一种具有较高准确度的长三角地区乡村碳排放的简便计算方法。最后,根据模型的拟合结果,研究分析了影响长三角地区乡村碳排放的因素,按重要性排布分别为:人口规模、富裕度(人均 GDP)、用能模式(秸秆薪柴大量使用户比率)、出行模式(私家车拥有率)。而农业规模和乡村碳排放呈现负相关的关系。

7 结论与展望

7.1 研究结论

　　全球气候变暖是全社会面临的严峻问题,通过控制温室气体排放来减缓全球增暖的速度已经成为全社会的共识;而中国快速的城镇化进程使得乡村的碳排放量快速增长,碳汇聚量逐渐减少,乡村生态性渐渐消亡。由于中国乡村的人口占比和土地面积占比接近一半,乡村的低碳生态发展对中国社会整体的低碳生态发展起着举足轻重的作用。本书构建了长三角地区乡村碳排放量核算模型,建立了长三角地区乡村碳排放因子基础数据库,并在该模型的基础上提出了包含碳排、碳汇和生态度的生态低碳乡村的综合评价体系和方法,同时在案例研究的基础上建立了浙江乡村碳排放的简化模型测算方法,既能对乡村的碳排放和碳汇聚情况、生态发展状况进行细致全面的评估,又能对较大尺度行政范围内的乡村碳排放情况进行快速的综合测算和横向比较。希望能为政府相关管理部门政策的制定和生态低碳乡村的规划建设提供理论依据和实践指导,减缓乡村碳排放快速增长趋势,提高乡村的碳汇聚能力,减轻乡村发展的生态环境压力,优化乡村人居环境,促进长三角地区乡村的生态、低碳、可持续发展,提升长三角地区美丽乡村建设的内在质量,并为全国乡村的生态低碳建设提供借鉴。

　　基于前文的理论和实证研究,得到了以下主要结论。

(1) 国内低碳乡村评价研究和实践尚处于起步阶段

　　现有的低碳生态乡村理论研究和规划建设多集中在生态环境、基础设施、村容整治等方面,忽视了目前乡村日益增长的产业、交通和建筑碳排放,针对乡村低碳方向的关注较少。不同乡村在地形地貌、生态环境和产业类型等方面差别较大,但是现有的低碳生态乡村研究多采用唯一的评价指标,缺乏差异性体现,很难对不同类型的乡村有相对公平的评价。同时,现有的低碳生态乡村评价体系和规划策略,多数停留在主观评价和分析层次,缺乏对乡村低碳性的定量测算,评价指标和规划策略缺乏客观的量化的碳排放数据支撑。少数考虑碳排放测算的评价体系又只对碳排放水平进行测算,缺少对基础配套、精神文化、政府管理等生态可持续性方面的考量。在结果评价方面,现有的低碳生态乡村评价体系主要从单一的维度对乡村进行评价,以比值、分数或统计学数值作为结果的评定和展示,结果的展示方式枯燥呆板单一,缺乏直观性和可视化。

(2)国内外针对乡村尺度的碳排放核算研究非常少

以量化的方法去计算空间地域的温室气体排放研究工作主要集中在宏观的国家、省域或大型城市层面,或者农业生产、住户生活等单一的微观的研究领域,针对乡镇、乡村等中观层面的研究比较少。中国乡村的产业类型、用地布局、居民的生活模式和生活习惯与城市有很大的区别,所以城市的碳排放核算内容和核算方式并不适用于农村。同时,中国的"村"作为最小的行政单元,是集居民生活、土地利用、农牧业和工业活动为一体的空间。单纯的住户生活碳排放、农业生产碳排放或是化石能源消耗碳排放都只是乡村碳排放的其中一部分,不能替代整个乡村的碳排放研究。

(3)长三角地区乡村碳排放核算方法是定量衡量乡村碳排放水平 的重要工具

小尺度的研究对象消耗的能源往往主要来源于异地生产,因此有别于传统的国家或城市的碳排放核算采用以"生产式"为主的温室气体排放计算模式,本书选用了以"消费式"为主的温室气体排放计算模式,采用排放因子法计算乡村的碳排放。鉴于中国浙江乡村的实际,单个乡村的多数活动水平数据缺乏权威的统计资料,所以本书中乡村温室气体排放量的活动水平数据主要采用自下而上的采集方法,结合行政管理部门数据、现场调研数据、估算数据三种方式获取。在清单架构方面,传统 IPCC 清单的框架结构的五大部门分类和政府管理部门的分工不对应,导致碳排放源和汇的计算结果无法方便地应用于后期的管理中,本书按照政府管理部门的分工方式,对乡村碳排放源和汇进行了重新梳理和归类,建立了与政府管理部门对接的乡村碳排放清单框架。长三角地区乡村碳排放核算方法充分考虑乡村碳排放行为和数据采集难度,将评价研究结果与后期政府管理相结合,其是定量衡量乡村碳排放水平,辅助乡村碳排放评价、监控、管理和实施的重要工具。

(4)基于碳排放核算的长三角地区低碳生态乡村评价体系是对乡 村生态低碳度进行综合评价的重要手段

鉴于现有的低碳生态乡村评价体系研究或缺乏对乡村低碳性的定量测算,或缺少对基础配套、精神文化等生态宜居度方面的考量的现状,本书针对长三角地区四种不同地貌类型,根据政府部门的职能分工,采用定性和定量结合的方法,设置了乡村碳排放、碳汇聚和生态度三个维度的评价指标,用九宫图的方法对这三个相对独立的指标进行了两两评价,建立了长三角地区低碳生态乡村综合评价方法,是对乡村的碳排、碳汇和生态度进行综合评价的重要方法,也为建立低碳排、高碳汇,且具有良好的生态宜居度的乡村提供了思路。

(5) 对长三角地区典型乡村进行碳排放核算实证研究,分析得到乡村碳汇和碳排的主要活动类型

研究选取了山地、丘陵、海岛、平原四种不同地貌类型的 8 个乡村,进行了文献查阅、访谈和问卷调研,回收有效问卷 260 份,涉及人口 1274 人,根据收集的数据进行了乡村碳排放量核算。相同地形地貌的乡村碳汇聚量十分相似。山地乡村 M1 和 M2 的人均碳汇量最高,分别为 1.59 t 和 0.7 t。平原乡村 P1 和 P2 的人均碳汇量最低,分别为 0.14 t 和 0.0125 t。而两个海岛乡村人均碳汇量相差较大,分别为 0.298 t 和 0 t。案例乡村碳排量与乡村的产业类型关系密切。P2 是案例乡村中唯一一个以工业(化工和五金业)为主要产业的乡村,人均碳排放量高达 36.206 t/人,其他七个乡村的碳排放量在 1.302 t/人~3.296 t/人之间。然后根据案例乡村的碳汇和碳排核算结果,分析了碳排放的主要活动行为,分别是森林碳汇、农田管理碳汇、产业经济碳排、居住建筑碳排、交通碳排。根据分项核算结果对五种活动行为的主要影响因素进行了分析,提出了有针对性的减碳增汇改善策略。将案例乡村的碳汇碳排量与现有的城市碳汇碳排研究结果比较后发现,案例乡村的碳汇与城市相比有明显的优势,而案例乡村的碳排放和城市相比两极分化相当明显,少数的工业型乡村,特别是以重工业为主的乡村的碳排放量已经远远超出城市。

(6) 对长三角地区典型乡村进行低碳生态综合评价,提炼长三角地区低碳生态乡村主要发展类型

对 8 个案例乡村进行了乡村生态度的实地调研和信息采集,根据前文的乡村生态度评价方法对案例乡村的生态度进行了评价。结合前文的碳排放核算结果,对 8 个案例乡村的碳排、碳汇和生态度进行了乡村低碳生态综合评价。两个山地乡村表现优异,其中 M1 村表现最佳,是高碳汇低碳排高生态文明度的乡村;M2 村次之,为高碳汇低碳排中生态文明度的乡村。经济产业产值最高的两个乡村 P2 村和 I2 村在低碳生态综合评价分级结果处于劣势,P2 村是低碳汇高碳排低生态文明度的乡村,I2 村是低碳汇高碳排中生态文明度的乡村。最后,根据综合评价结果,提炼了 6 种不同的长三角地区低碳生态乡村类型(高碳汇低碳排高生态文明度、高碳汇低碳排中生态文明度、中碳汇低碳排中生态文明度、中碳汇中碳排型中生态文明度、低碳汇高碳排中生态文明度、低碳汇高碳排低生态文明度),并分析了不同类型生态乡村的特征、重点关注领域和减碳策略。

(7) 基于 STIRPAT 模型的乡村碳排放测度方法能够快速简便地对乡村碳排放进行估算

基于排放系数的乡村碳排放核算方法虽然准确度较高,但是这种方法需要大量的调研数据支撑,在前期数据收集时需要耗费较多的时间,无法在短时间内给乡

村的碳排放量进行评估。研究基于 STIRPAT 模型,结合已有文献研究,根据长三角地区乡村碳排放特点,筛选五项有代表性的、操作性强的变量(人口、富裕度、用能模式、出行模式、农业规模),根据前文的乡村碳排放案例核算结果的数据,运用统计软件 SPSS 进行模型拟合,构建了基于 STIRPAT 模型的乡村碳排放测算方法。

7.2　不足与展望

虽然本书对低碳生态乡村的理论和实证进行了探讨,但是由于各种原因,本书还存在着一些不足,针对低碳生态乡村的研究还有很多的发展空间。

1)本书的碳排放清单以直接的碳排放为对象,而居民消费的食品、衣物等导致的间接碳排放也是乡村碳排放的一部分。由于本书考虑的直接碳排放清单已经较为庞杂,所以本书中没有将间接碳排放考虑在内,在今后的研究中可以对此项进行更深一步的研究。

2)本书选取了长三角地区 8 个不同产业类型的案例乡村展开实证研究,由于长三角地区乡村的产业类型非常多样,还有很多其他产业的乡村类型没有涵盖在内。考虑在以后的研究中扩大案例乡村的数目,进一步完善长三角地区乡村低碳生态发展类型。

3)在碳排放测度校验时发现海岛类乡村的误差率稍高,主要原因是海岛村的第一产业以渔业为主,农业比例很低,模型中的变量 T_a(农业产业规模)对海岛村的碳排放显著性不够高。考虑在今后的研究中,增加海岛乡村的基础数据,筛选增补渔业相关变量,对现有模型进行补充。

4)本书主要是对乡村低碳生态的评价体系研究,考虑在将来把低碳生态评价结果和乡村空间形态定量指数(如建筑密度、蔓延度等)相结合,探讨两者之间的关系,为乡村规划营建提供空间形态上的参考和思路。

参考文献

Adkins E，Oppelstrup K，Modi V，2012. Rural household energy consumption in the millennium villages in Sub-Saharan Africa[J]. Energy for Sustainable Development，16(3)：249-259.

Abigail L. Bristow，Miles Tight，Alison Pridmore，Anthony D. May，2008. Developing pathways to low carbon land-based passenger transport in Great Britain by 2050[R]. Energy Policy，36(9)：3427-3435.

Boden T A，Marland G，Andres R J，2017. National CO_2 emissions from fossil-fuel burning，cement manufacture，and gas flaring：1751-2014[R]. Carbon Dioxide Information Analysis Center，Oak Ridge National Laboratory，US Department of Energy.

Baldasano J M，Soriano C，Boada L，1999. Emission inventory for greenhouse gases in the City of Barcelona，1987-1996[J]. Atmospheric Environment，33(23)：3765-3775.

Brix H，Sorrell B K，Lorenzen B，2001. Are Phragmites-dominated wetlands a net source or net sink of greenhouse gases？[J]. Aquatic botany，69(2-4)：313-324.

BRIDGES E M，1978. World Soils[M]. Cambridge：Cambridge University Press.

Brown K，Corbera E，2003. Exploring equity and sustainable development in the new carbon economy[J]. Climate Policy，3(s1)：41-56.

陈晓春,唐姨军,胡婷,2010.中国低碳农村建设探析[J].云南社会科学(02)：109-114.

陈玉娟,祝铁浩,殷惠兰,2013.低碳新农村建设评价指标体系的构建研究：以浙江省为例[J].浙江工业大学学报,41(6)：682-685.

陈锦泉,郑金贵,2016.投影寻踪聚类模型在美丽乡村建设评价中的应用：以福建省晋江市为例[J].江苏农业科学,44(6)：579-582.

陈亚松,杨玉楠,2011.我国生态村的建设与展望[J].环境与发展,23(6)：71-74.

蔡博峰,杨姝影,2010.气候变化：质疑与挑战[J].环境经济(05)：32-36.

陈艳,2012.江西省碳排放的影响因素分析[D].武汉:华中科技大学.

陈冲影,姚春生,黎明,2012.中国农村生活用能及其碳排放分析(2001—2010)[J].可再生能源(4):121-127.

Cai B, Zhang L, 2014. Urban CO_2 emissions in China: spatial boundary and performance comparison[J]. Energy Policy, (66): 557-567.

Council L C, 1994. The Leicester Energy Strategy[R]. Leicester City Council, Leicester.

陈庆,周敬宣,李湘梅,肖人彬,2011.基于STIRPAT模型的武汉市环境影响驱动力分析[J].长江流域资源与环境(S1):100-104.

陈强强,孙小花,王生林,等,2009.基于STIRPAT模型分析社会经济因素对甘肃省环境压力的影响[J].西北人口,30(6):58-61.

Commoner B, 1992. Making Peace with the Planet[M]. New York: New Press.

York R, Rosa E A, Dietz T, 2003. STIRPAT, IPAT and ImPACT: analytic tools for unpacking the driving forces of environmental impacts [J]. Ecological economics, 46(3): 351-365.

Cramer J C, 1998. Population growth and air quality in California[J]. Demography, 35(1): 45-56.

蔡博峰,2012.中国城市温室气体清单研究[J].中国人口资源与环境,22(01):21-27.

董魏魏,马永俊,毕蕾,2012.低碳乡村指标评价体系探析[J].湖南农业科学(01):154-156.

董魏魏,刘鹏发,马永俊,2012.基于低碳视角的乡村规划探索:以磐安县安文镇石头村村庄规划为例[J].浙江师范大学学报(自然科学版),35(04):104-110.

丁雨莲,2015.碳中和视角下乡村旅游地净碳排放估算与碳补偿研究[D].南京:南京师范大学.

Dhakal S, 2009. Urban energy use and carbon emissions from cities in China and policy implications[J]. Energy policy, 37(11): 4208-4219.

Dietz T, Rosa E A, 1997. Effects of population and affluence on CO_2 emissions[J]. Proceedings of the National Academy of Sciences, 94(1): 175-179.

Dubey A, Lal R, 2009. Carbon footprint and sustainability of agricultural production systems in Punjab, India, and Ohio, USA[J]. Journal of Crop Improvement, 23(4): 332-350.

2007. Climate protection progress report[R]. Vancouver.

2008. Local government area greenhouse gas emissions[R]. Sydney.

2009. Inventory of US greenhouse gas emissions and sinks: 1990-2007[R]. US EPA.

2008. Chicago's greenhouse gas emissions: an inventory, forecast and mitigation analysis for Chicago and the metropolitan region. Chicago climate action plan[R]. The Centre for Neighbourhood Technology.

方精云,郭兆迪,朴世龙,等,2017. 1981—2000 年中国陆地植被碳汇的估算[J]. 中国科学:地球科学,037(006):804-812.

冯真,2015. 浙江山区型乡村用地低碳规划模拟分析研究[D]. 杭州:浙江大学.

樊登星,余新晓,岳永杰,等,2008. 北京市森林碳储量及其动态变化[J]. 北京林业大学学报,30(S2):117-120.

Fan Y, Liu L C, Wu G, et al., 2006. Analyzing impact factors of CO_2 emissions using the STIRPAT model [J]. Environmental Impact Assessment Review, 26(4): 377-395.

葛全胜,方修琦,2010. 科学应对气候变化的若干因素及减排对策分析[J]. 中国科学院院刊,25(1):32-40.

国务院,2007. 国务院关于印发"十三五"控制温室气体排放工作方案的通知(国发〔2016〕61 号)[Z]. 北京:国务院.

国家统计局,2015. 中华人民共和国 2014 年国民经济和社会发展统计公报[J]. 中国统计,1(3):6-14.

国家环境保护总局,2007. 全国环境优美乡镇考核标准(环发〔2007〕195 号)[Z]. 北京:国家环境保护总局.

国家环境保护总局,2005. 国家级生态村创建标准(试行)(国发〔2005〕39 号)[Z]. 北京:国家环境保护总局.

国家环境保护总局,2014. 国家生态文明建设示范村镇指标(试行)(环发〔2014〕12 号)[Z]. 北京:国家环境保护总局.

国家气候变化对策协调小组办公室,国家发展和改革委员会能源研究所,2007. 中国温室气体清单研究[M]. 北京:中国环境科学出版社.

国家发改委,2011. 省级温室气体清单编制指南(试行)[Z]. 国家发展和改革委员会应对气候变化司.

国家发改委,2015. 2014 年中国区域电网基准线排放因子[Z]. 北京:国家发改委.

GB 27999—2019, 2019. 乘用车燃料消耗量评价方法及指标[S]. 北京:中国标准出版社.

GB 20997—2015,2015. 轻型商用车辆燃料消耗量限值[S]. 中华人民共和国国家质量监督检验检疫总局、中国国家标准化管理委员.

高光贵,2003. 多指标综合评价中指标权重确定及分值转换方法研究[J]. 经济师(03):262-263.

国家环境保护总局,2014. 国家生态文明建设示范村镇指标(环发〔2014〕1 号)[Z]. 北京:国家环境保护总局.

Hiraishi T, Krug T, Tanabe K, et al, 2014. 2013 supplement to the 2006 IPCC guidelines for national greenhouse gas inventories: Wetlands[J]. IPCC, Switzerland.

郝千婷,黄明祥,包刚,2011. 碳排放核算方法概述与比较研究[J]. 中国环境管理(04):51-55.

朱莉娜,2010. 成都市碳排放量及排放特征分析[D]. 重庆:西南交通大学.

华虹,王晓鸣,彭文俊,2012. 村庄低碳建设与碳排放评价[J]. 土木工程与管理学报,29(1):20-24.

Hillman T, Ramaswami A, 2010. Greenhouse Gas Emission Footprints and Energy Use Benchmarks for Eight U. S. Cities [J]. Environ. Sci. Technol, 44(6), 1902-1910.

Hoornweg D, Sugar L, Trejos Gómez C L, 2011. Cities and greenhouse gas emissions: moving forward[J]. Environment and Urbanization, 23(1): 207-227.

何艳秋,2012. 行业完全碳排放的测算及应用[J]. 统计研究,29(03):67-72.

Hoegh-Guldberg O, Bruno J F, 2010. The impact of climate change on the world's marine ecosystems[J]. Science, 328(5985): 1523-1528.

何勇,2006. 中国气候、陆地生态系统碳循环研究[M]. 北京:气象出版社.

IEA, 2019. CO_2 Emissions from Fuel Combustion 2019. https://www.iea.org/analysis/all.

IPCC, 2019. 2019 Refinement to the 2006 IPCC Guidelines for National Greenhouse Gas Intrentories. https://www.ipcc.ch/report.

刘偲,张军连,吴文良,2005. 发达国家城郊生态村发展模式分析[J]. 生态经济(2):43-46,68.

梁广文,2000. 深圳龙岗碧岭生态村[J]. 生态科学,19(4):97-98.

李金华,2000. 温室气体排放量核算方法研究[J]. 统计与决策(5):10-11.

李芬,毛洪伟,赖玉珮,2013. 城市碳排放清单评估研究及案例分析[J]. 城市发展研究,20(1):14-17,21.

李风亭,郭茹,蒋大和,等,2009. 上海市应对气候变化碳减排研究[M]. 北京:

科学出版社.

李波,张俊飚,2012.基于我国农地利用方式变化的碳效应特征与空间差异研究[J].经济地理,32(7):135-140.

廖凌娟,黄娜,江洪明,等,2013.城市生活固体废弃物不同处理方式下的碳排放分析:以东莞市某垃圾焚烧发电厂为例[J].安徽农业科学(16):247-249.

鲁丰先,张艳,秦耀辰,等,2013.中国省级区域碳源汇空间格局研究[J].地理科学进展,32(12):1751-1759.

李怒云,2007.中国林业碳汇[M].北京:中国林业出版社.

International Energy Agency,2015. CO_2 Emissions from Fuel Combustion [Z]. Paris:OECD/IEA.

吕旭东,郑良燕,2014.浙江省农村生活能源消费典型调查分析[J].统计科学与实践(8):7-8.

李科,2013.我国城乡居民生活能源消费碳排放的影响因素分析[J].消费经济,29(2):73-80.

Lu J, Ge J, Luo X Y, et al.,2014. Analysis of Residential Environment and Energy use in Rural Areas in Hot Summer and Cold Winter Region of China[J]. Lowland Technology International,16(1):54-64.

李敏霞,牛冬杰,李风亭,等,2010.上海市与东京市陆地碳汇核算与比较分析[J].环境污染与防治,(08):106-110.

刘宇,匡耀求,黄宁生,等,2007.水泥生产排放二氧化碳的人口经济压力分析[J].环境科学研究,20(1):118-122.

金樾,熊宇,邓瑞妍,等,2016.日本绿色建筑全生命周期评价方法研究[J].建筑经济,37(02):96-100.

金兆森,张晖,2009.村镇规划[M].南京:东南大学出版社.

JT/T 719—2016.营运货车燃料消耗量限值及测量方法[S].中华人民共和国交通运输部,2016.

Jo H K,2002. Impacts of urban greenspace on offsetting carbon emissions for middle Korea[J]. Journal of environmental management,64(2):115-126.

科学技术部社会发展科技司,中国21世纪议程管理中心,2013.应对气候变化国家研究进展报告[M].北京:科学出版社.

柯惠新,沈浩,2005.调查研究中的统计分析法:第2版[M].北京:中国传媒大学出版社.

Kirby A,2003. Redefining social and environmental relations at the ecovillage at Ithaca：A case study［J］. Journal of Environmental Psychology，23(3)：323-332.

Kennedy C，Steinberger J，Gasson B，et al.，2009 Greenhouse gas emissions from global cities［J］. Environmental Science and Technology，43：7297-7302.

Li H，Mu H，Zhang M，et al，2012. Analysis of regional difference on impact factors of China's energy-Related CO_2 emissions［J］. Energy，39(1)：319-326.

Liu W，Spaargaren G，Heerink N，et al.，2013. Energy consumption practices of rural households in north China：Basic characteristics and potential for low carbon development［J］. Energy Policy，55：128-138. 娄伟，2011.城市碳排放量测算方法研究：以北京市为例［J］.华中科技大学学报(社会科学版)(03),104-110.

Liu W，Spaargaren G，Heerink N，et al.，2013. Energy consumption practices of rural households in north China：Basic characteristics and potential for low carbon development［J］. Energy Policy，55：128-138.

刘子刚,2001.湿地生态系统碳储存和温室气体排放研究［J］.地理科学,24(5):634-639.

刘宝康,杜玉娥,胡爱军,等,2014.青海省草地碳汇潜力研究［J］.青海气象(02):36-41.

李咏华,傅晓,马淇蔚,2015.基于绿色基础设施评价的低碳乡村景观优化策略初探［J］.西部人居环境学刊,30(02):11-14.

马彩虹,任志远,赵先贵,2013.发达国家与发展中国家碳排放比较及对中国的启示［J］.干旱区资源与环境,27(02):1-5.

Mi Z，Zhang Y，Guan D，et al.，2016. Consumption-based emission accounting for Chinese cities［J］. Applied energy，(184)：1073-1081.

Meng F，Liu G，Yang Z，et al.，2017. Structural analysis of embodied greenhouse gas emissions from key urban materials：A case study of Xiamen City，China［J］. Journal of Cleaner Production，(163)：212-223.

Ma C，Ju M T，Zhang X C，et al.，2011. Energy consumption and carbon emissions in a coastal city in China［J］. Procedia Environmental Sciences，(4)：1-9.

Miah M D，Kabir R R M S，Koike M，et al.，2010. Rural household energy consumption pattern in the disregarded villages of Bangladesh［J］. Energy Policy，38(2)：997-1003.

马涛,2011.上海农业碳源碳汇现状评估及增加碳汇潜力分析[J].农业环境与发展(05):38-41.

Mexico City Government，2009. City case studies on climate change strategies and use of carbon incentives［R］. Symposium for Cities，Climate Change and Carbon Finance：Elements for a City-led Agenda on the Road to Copenhagen，Barcelona，Spain.

马宏伟,刘思峰,赵月霞,等,2015.基于 STIRPAT 模型的我国人均二氧化碳排放影响因素分析[J].数理统计与管理,34(2):243-253.

农业部,2013.美丽乡村创建目标体系(农办科〔2013〕10 号)[Z].北京:农业部.

宁宴庄,2011.合浦县免村生态低碳村建设[J].现代农业科技(18):396-397.

Nowak D J, Crane D E, 2002. Carbon storage and sequestration by urban trees in the USA[J]. Environmental pollution, 116(3)：381-389.

O' Hara P, Freney J, Ulyatt M，2003. Abatement of agricultural non-carbon dioxide greenhouse gas emissions［R］. Report prepared for the Ministry of Agriculture and Forestry on behalf of the Convenor，Ministerial Group on Climate Change，the Minister of Agriculture and the Primary Industries Council.

彭梦月,美国绿色建筑委员会,2002. LEED Green Building Rating System TM Version 2.0[M]. 北京:中国建筑工业出版社:7-8.

Parraviciniak V, Svardala K, Krampea J, 2016. Greenhouse gas emissions from wastewater treatment plants[J]. Energy Procedia，97：246-253.

Picek T, ížková H, DuŠek J, 2007. Greenhouse gas emissions from a constructed wetland—plants as important sources of carbon ［J］. Ecological engineering, 31(2)：98-106.

彭震伟,王云才,高璟,等,2013.生态敏感地区的村庄发展策略与规划研究[J].城市规划学刊(03):7-14.

祁巍锋,唐彩飞,2016.工业型村庄碳排放影响因素研究:以杭州市萧山区凤凰村例[J].建筑与文化(04):155-157.

秦大河,陈振林,罗勇,等,2007. 气候变化科学的最新认知[J]. 气候变化研究进展,3(2):63-73.

Robert Gilman, 1991. The Ecovillage Challenge[J]. In Context(29):10-14.

日本可持续建筑协会,2005. Comprehensive Assessment System for Building Environmental Efficiency (CASBEE) ［M］. 北京:中国建筑工业出版社:10-17.

Solomon S，Qin D，Manning M，et al.，2007. IPCC，2007. Climate change 2007. The physical science basis，Contrib. Work. Group Fourth Assess [J]. Rep. Intergov. Panel Clim. Change.

孙桂娟，2010. 低碳经济概论[M]. 济南：山东人民出版社.

孙义飞，董魏魏，2013. 采用灰色综合评价法构建低碳乡村评价体系的研究 [J]. 湖南农业科学(11)：121-123.

宋凤，肖华斌，张建华，2015. 活态保护目标下北方泉水乡村环境价值评价研究 [J]. 山东建筑大学学报，30(6)：564-571.

Sugar L，Kennedy C，Leman E，2012. Greenhouse gas emissions from Chinese cities[J]. Journal of Industrial Ecology，16(4)：552-563.

孙钰，李泽涛，姚晓东，2012. 天津市构建低碳城市的策略研究：基于碳排放的 情景分析[J]. 地域研究与开发，31(6)：115-118.

山东省委农村工作领导小组，2015. 山东省生态文明乡村(美丽乡村)建设规范 (DB37-T 2737.1-2015)[Z]. 山东省委农村工作领导小组.

孙冰，田蕴，李志林，等，2018. 英国环境影响评价制度演进对中国的启示[J]. 中国环境管理，10(05)：15-23.

Smith J E，Heath L S，2006. Inventory of US Greenhouse Gas Emissions and Sinks：1990-2004[R]. USEPA Publication.

宋祺佼，王宇飞，齐晔，2015. 中国低碳试点城市的碳排放现状[J]. 中国人口资 源与环境(25)：78-82.

世界资源研究所，2013. 城市温室气体核算工具指南[Z]：23.

邵建均，杨治斌，刘银秀，2014. 浙江省农作物秸秆利用现状及对策建议[J]. 浙 江农业科学(8)：1137-1138，1141.

Shi A，2003. The impact of population pressure on global carbon dioxide emissions，1975-1996：evidence from pooled cross-country data [J]. Ecological economics，44(1)：29-42.

Smith P，Truines E，2007. Agricultural measures for mitigating climate change：will the barrier prevent any benefits to developing countries[J]. International Journal of Agricultural Sustainability，4(3)：173-175.

Smith P，Martino D，Cai Z，et al.，2008. Greenhouse gas mitigation in agriculture[J]. Philosophical transactions of the royal Society B： Biological Sciences，363(1492)：789-813.

Takeuchi K，Namiki Y，Tanaka H，1998. Designing eco-villages for revitalizing Japanese rural areas[J]. Ecological Engineering，11(1-4)： 177-197.

田云,张俊飚,李波.中国农业碳排放研究:测算、时空比较及脱钩效应[J].资源科学,2012,34(11):11-16.

Unit E S, 2003. Our Energy Future-Creating a Low Carbon Economy[J]. UK Department of Trade and Industry, White Paper.

United States Green Building Council, 2002. LEED Green Burlding Bating System TM Verqon2.0[M]. 彭梦月,译,北京:中国建筑工业出版社:7-8.

UNEP U, BANK T W, 2010. Draft International Standard for Determining Greenhouse Gas Emissions for Cities[R].

王长波,张力小,栗广省,2012.中国农村能源消费的碳排放核算[J].农业工程学报(03):6-11.

王竹,钱振澜,贺勇,等,2015.乡村人居环境"活化"实践:以浙江安吉景坞村为例[J].建筑学报(09):30-35.

王锦旗,宋玉芝,黄进,等,2016.太湖地区乡村生态规划模式探讨[J].资源与环境(11):1329-1333

王海鲲,张荣荣,毕军,2011.中国城市碳排放核算研究:以无锡市为例[J].中国环境科学(06):151-160.

王敬敏,施婷,2013.中国农村碳排放统计监测指标体系的构建[J].统计与决策(02):34-37.

West T O, Marland G, 2002. A synthesis of carbon sequestration, carbon emissions, and net carbon flux in agriculture: comparing tillage practices in the United States[J]. Agriculture, Ecosystems & Environment, 91(1-3): 217-232.

伍芬琳,李琳,张海林,等,2007.保护性耕作对农田生态系统净碳释放量的影响[J].生态学杂志,26(12):2035-2039.

王革华,2002.实现秸秆资源化利用的主要途径[J].上海环境科学,11:35-39.

王靖,张金锁,2001.综合评价中确定权重向量的几种方法比较[J].河北工业大学学报,30(2):52-57.

王云才,刘悦采,2009.城市景观生态网络规划的空间模式应用探讨[J].长江流域资源与环境(09):819-824.

吴乐知,蔡祖聪,2007.农业开垦对中国土壤有机碳的影响[J].水土保持学报,21(6):118-121.

王泳璇,2016.城镇化与减碳目标背景下能源-碳排放系统建模研究[D].长春:吉林大学.

王立猛,何康林,2008.基于STIRPAT模型的环境压力空间差异分析——以能源消费为例[J].环境科学学报(05):1032-1037.

吴敬锐,杨兆萍,2011.基于 STIRPAT 模型分析新疆能源足迹的影响因素[J].干旱区地理,34(1):187-193.

Wei Y M, Liu L C, Fan Y, et al., 2007. The impact of lifestyle on energy use and CO$_2$ emission: An empirical analysis of China's residents[J]. Energy policy, 35(1): 247-257.

王曦溪,李振山,2012.1998—2008 年我国废水污水处理的碳排量估算[J].环境科学学报,32(07):1764-1776.

王永刚,王旭,孙长虹,2015.IPAT 及其扩展模型的应用研究进展[J].应用生态学报,26(3):949-957.

薛鹏丽,舒廷飞,张丹华,等,2006.蒋巷村建设新型和谐生态村的构想:基于国内外生态村实践的经验和总结[J].四川环境(03):47-50,55.

徐皓,张祝利,张建华,等,2011.我国渔业节能减排研究与发展建议[J].水产学报,35(3):472-479.

徐中民,程国栋,2005.中国人口和富裕对环境的影响[J].冰川冻土,27(5):767-773.

杨京平,2000.全球生态村运动述评[J].生态经济(4):47-49.

于贵瑞,2003.全球变化与陆地生态系统碳循环和碳蓄积[M].北京:气象出版社:243-245.

叶祖达,2011.国外城市区域温室气体清单的编制对中国城乡规划的启示[J].现代城市研究,11:22-30.

燕艳,2011.浙江省建筑全生命周期能耗和 CO$_2$ 排放评价研究[D].杭州:浙江大学.

岳冬冬,王鲁民,方海,等,2016.基于碳平衡的中国海洋渔业产业发展对策探析[J].中国农业科技导报(4):1-8.

York R, 2007. Demographic trends and energy consumption in European Union Nations, 1960-2025[J]. Social science research, 36(3): 855-872.

Zenghelis D, 2006. Stern Review: The economics of climate change[J]. London: HM Treasury: 686-702.

张文和,李明,2000.城镇化定义研究[J].城市发展研究(05):32-33.

张蔚,2010.生态村:一种可持续社区模式的探索[J].建筑学报(s1):112-115.

郑莉,2011.湖区村镇住区环境影响评价体系的建构与优化策略研究[D].长沙:湖南大学.

浙江省质量技术监督局,2014.美丽乡村建设规范(DB 33/T 912—2014)[Z].浙江:质量技术监督局.

张万胜,曲白林,伟军,2014.从环境共生建筑到环境共生乡村:日本环境共生建筑对南沙村庄规划的启示[J].城市规划学刊(7):142-148.

赵倩,2011.上海市温室气体排放清单研究[D].上海:复旦大学.

政府间气候变化专门委员会,2006.国家温室气体清单指南[R].

张德英,张丽霞,2005.碳源排碳量估算办法研究进展[J].内蒙古林业科技
　　(01):20-23.

张志强,曾静静,曲建升,2011.世界主要国家碳排放强度历史变化趋势及相关
　　关系研究[J].地球科学进展,26(08):859-869.

张旺,邹毓,2013.中国城市碳排放的空间分异与影响因素[J].湖南工业大学
　　学报(社会科学版)(05):6-11.

章力建,刘帅,2010.保护草原增强草原碳汇功能[J].中国草地学报,32(2):
　　1-5.

浙江省发改委,2012.浙江省"十二五"及中长期可再生能源发展规划[Z].

朱莉娜,张建强,王庆敏,2010.畜禽养殖园区生态产业链设计[J].广东农业科
　　学,37(01):117-119.

张克强,2006.农村污水处理技术[M].北京:中国农业科学技术出版社.

中华人民共和国国家统计局能源统计司,2009.中国能源统计年鉴[M].北京:
　　中国统计出版社.

张艳芳,2013.西安市土地利用变化与碳排放空间格局特征研究[J].西北大学
　　学报(自然科学版)(02):121-126.

周颖,张宏伟,蔡博峰,等,2013.水泥行业常规污染物和二氧化碳协同减排研
　　究[J].环境科学与技术,36(12):164-168,180.

周易,王慧初,2014.2013长江三角洲经济社会发展报告(第五辑)[M].上海:
　　上海社会科学院出版社.

浙江省人民政府,2013.浙江省大气污染防治行动计划(2013—2017年)[Z].

浙江省人民政府办公厅,2012.关于加快推进农作物秸秆综合利用的意见(浙
　　政办发〔2014〕140号)[Z].

张福锁,张卫峰,2010.挖掘化肥产业的巨大减排潜力[N].科学时报(现中国
　　科学报),3-2(A1).

朱玲玲,2013.中国工业分行业碳排放影响因素研究[D].哈尔滨:哈尔滨工业
　　大学.

周洋毅,柴雱,2014.浙江省机动车主要污染物减排关键因素分析研究[J].环
　　境科学与管理,39(05):73-76.

周健,肖荣波,庄长伟,邓一荣,2013.城市森林碳汇及其核算方法研究进展
　　[J].生态学杂志,32(12):3368-3377.

周健,邓一荣,2013.城市温室气体排放清单体系研究:以广州为例[J].环境

(S2):30-32,36.

Zhao M，Kong Z，Escobedo F J，et al.，2010. Impacts of urban forests on offsetting carbon emissions from industrial energy use in Hangzhou, China[J]. Journal of Environmental Management，91(4)：807-813.

住房与城乡建设部,2011.绿色低碳重点小城镇建设评价指标(试行)(财建〔2011〕341 号)[Z].北京:住房与城乡建设部.

朱远程,张士杰,2012.基于 STIRPAT 模型的北京地区经济碳排放驱动因素分析.特区经济[J],1:77-79.

张佳丽,2011.基于 STIRPAT 模型的我国二氧化碳排放研究[D].长沙:湖南大学.

朱勤,彭希哲,陆志明,等,2010.人口与消费对碳排放影响的分析模型与实证[J].中国人口资源与环境,20(2):99-102.

附 录

附录1 "乡村生态度评价体系"AHP法专家调查问卷

尊敬的专家：

您好！

我们正在编制乡村生态度评价体系，需要运用 AHP 法归纳专家意见，希望您不吝赐教！

一、问题描述

本书构建了一个"低碳村镇规划指标体系"作为此次的调查对象。如下图：

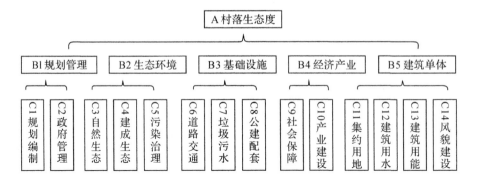

图1 乡村生态度评价体系指标层级

二、问卷说明

此调查问卷的目的在于确定生态低碳村镇规划指标体系各影响因素之间的相对权重，辅助生态低碳村镇规划指标体系的编制。

调查问卷根据层次分析法（AHP）的形式设计。这种方法是在同一个层次对影响因素重要性进行两两比较。衡量尺度划分为 9 个等级，分别为：极端不重要1/9、十分不重要1/7、比较不重要1/5、稍微不重要1/3、同等重要1、稍微重要3、比较重要5、十分重要7、极端重要9。

例如:规划管理相对于生态环境如果您觉得是极端不重要就选 1/9,十分不重
要就选 1/7,比较不重要就选 1/5,稍微不重要就选 1/3,同等重要就选 1,稍微重要
就选 3,比较重要就选 5,十分重要就选 7,极端重要就选 9。

三、问卷内容

● 第 2 层(准则层)要素
■ 评估生态低碳村镇的相对重要性
▲下列各组比较要素,对于生态低碳村镇的相对重要性如何?

规划管理 相对于 生态环境 ? [单选题] [必答题]
　　○ 极端重要 9　○ 十分重要 7　○ 比较重要 5　○ 稍重要 3　○ 同等重要 1　○ 稍微不
重要 1/3　○ 比较不重要 1/5　○ 十分不重要 1/7　○ 极端不重要 1/9

规划管理 相对于 基础设施 ? [单选题] [必答题]
　　○ 极端重要 9　○ 十分重要 7　○ 比较重要 5　○ 稍重要 3　○ 同等重要 1　○ 稍微不
重要 1/3　○ 比较不重要 1/5　○ 十分不重要 1/7　○ 极端不重要 1/9

规划管理 相对于 经济产业? [单选题] [必答题]
　　○ 极端重要 9　○ 十分重要 7　○ 比较重要 5　○ 稍重要 3　○ 同等重要 1　○ 稍微不
重要 1/3　○ 比较不重要 1/5　○ 十分不重要 1/7　○ 极端不重要 1/9

规划管理 相对于 建筑单体? [单选题] [必答题]
　　○ 极端重要 9　○ 十分重要 7　○ 比较重要 5　○ 稍重要 3　○ 同等重要 1　○ 稍微不
重要 1/3　○ 比较不重要 1/5　○ 十分不重要 1/7　○ 极端不重要 1/9

生态环境 相对于 基础设施? [单选题] [必答题]
　　○ 极端重要 9　○ 十分重要 7　○ 比较重要 5　○ 稍重要 3　○ 同等重要 1　○ 稍微不
重要 1/3　○ 比较不重要 1/5　○ 十分不重要 1/7　○ 极端不重要 1/9

生态环境 相对于 经济产业? [单选题] [必答题]
　　○ 极端重要 9　○ 十分重要 7　○ 比较重要 5　○ 稍重要 3　○ 同等重要 1　○ 稍微不
重要 1/3　○ 比较不重要 1/5　○ 十分不重要 1/7　○ 极端不重要 1/9

生态环境 相对于 建筑单体? [单选题] [必答题]
　　○ 极端重要 9　○ 十分重要 7　○ 比较重要 5　○ 稍重要 3　○ 同等重要 1　○ 稍微不
重要 1/3　○ 比较不重要 1/5　○ 十分不重要 1/7　○ 极端不重要 1/9

基础设施 相对于 经济产业？[单选题][必答题]

○ 极端重要 9　○ 十分重要 7　○ 比较重要 5　○ 稍重要 3　○ 同等重要 1　○ 稍微不重要 1/3　○ 比较不重要 1/5　○ 十分不重要 1/7　○ 极端不重要 1/9

基础设施 相对于 建筑单体？[单选题][必答题]

○ 极端重要 9　○ 十分重要 7　○ 比较重要 5　○ 稍重要 3　○ 同等重要 1　○ 稍微不重要 1/3　○ 比较不重要 1/5　○ 十分不重要 1/7　○ 极端不重要 1/9

经济产业 相对于 建筑单体？[单选题][必答题]

○ 极端重要 9　○ 十分重要 7　○ 比较重要 5　○ 稍重要 3　○ 同等重要 1　○ 稍微不重要 1/3　○ 比较不重要 1/5　○ 十分不重要 1/7　○ 极端不重要 1/9

● 第 3 层（领域层）要素

■ 评估规划管理的相对重要性

▲下列各组比较要素，对于规划管理的相对重要性如何？

规划编制 相对于 政府管理？[单选题][必答题]

○ 极端重要 9　○ 十分重要 7　○ 比较重要 5　○ 稍重要 3　○ 同等重要 1　○ 稍微不重要 1/3　○ 比较不重要 1/5　○ 十分不重要 1/7　○ 极端不重要 1/9

■ 评估生态环境的相对重要性

▲下列各组比较要素，对于生态环境的相对重要性如何？

自然生态环境 相对于 建成生态环境？[单选题][必答题]

○ 极端重要 9　○ 十分重要 7　○ 比较重要 5　○ 稍重要 3　○ 同等重要 1　○ 稍微不重要 1/3　○ 比较不重要 1/5　○ 十分不重要 1/7　○ 极端不重要 1/9

自然生态环境 相对于 污染治理？[单选题][必答题]

○ 极端重要 9　○ 十分重要 7　○ 比较重要 5　○ 稍重要 3　○ 同等重要 1　○ 稍微不重要 1/3　○ 比较不重要 1/5　○ 十分不重要 1/7　○ 极端不重要 1/9

建成生态环境 相对于 污染治理？[单选题][必答题]

○ 极端重要 9　○ 十分重要 7　○ 比较重要 5　○ 稍重要 3　○ 同等重要 1　○ 稍微不重要 1/3　○ 比较不重要 1/5　○ 十分不重要 1/7　○ 极端不重要 1/9

■ 评估基础设施的相对重要性

▲下列各组比较要素，对于基础设施的相对重要性如何？

道路交通 相对于 垃圾污水处理？[单选题][必答题]

○ 极端重要 9　○ 十分重要 7　○ 比较重要 5　○ 稍重要 3　○ 同等重要 1　○ 稍微不重要 1/3　○ 比较不重要 1/5　○ 十分不重要 1/7　○ 极端不重要 1/9

道路交通 相对于 公建配套?［单选题］［必答题］
　　○ 极端重要 9　○ 十分重要 7　○ 比较重要 5　○ 稍重要 3　○ 同等重要 1　○ 稍微不重要 1/3　○ 比较不重要 1/5　○ 十分不重要 1/7　○ 极端不重要 1/9

垃圾污水处理 相对于 公建配套?［单选题］［必答题］
　　○ 极端重要 9　○ 十分重要 7　○ 比较重要 5　○ 稍重要 3　○ 同等重要 1　○ 稍微不重要 1/3　○ 比较不重要 1/5　○ 十分不重要 1/7　○ 极端不重要 1/9

■ 评估经济产业的相对重要性
▲下列各组比较要素,对于经济产业的相对重要性如何?

社会保障 相对于 产业建设?［单选题］［必答题］
　　○ 极端重要 9　○ 十分重要 7　○ 比较重要 5　○ 稍重要 3　○ 同等重要 1　○ 稍微不重要 1/3　○ 比较不重要 1/5　○ 十分不重要 1/7　○ 极端不重要 1/9

■ 评估建筑单体的相对重要性
▲下列各组比较要素,对于低碳节能的相对重要性如何?

集约用地 相对于 建筑用水?［单选题］［必答题］
　　○ 极端重要 9　○ 十分重要 7　○ 比较重要 5　○ 稍重要 3　○ 同等重要 1　○ 稍微不重要 1/3　○ 比较不重要 1/5　○ 十分不重要 1/7　○ 极端不重要 1/9

集约用地 相对于 建筑用能?［单选题］［必答题］
　　极端重要 9　○ 十分重要 7　○ 比较重要 5　○ 稍重要 3　○ 同等重要 1　○ 稍微不重要 1/3　○ 比较不重要 1/5　○ 十分不重要 1/7　○ 极端不重要 1/9

建筑用水相对于 建筑用能?［单选题］［必答题］
　　极端重要 9　○ 十分重要 7　○ 比较重要 5　○ 稍重要 3　○ 同等重要 1　○ 稍微不重要 1/3　○ 比较不重要 1/5　○ 十分不重要 1/7　○ 极端不重要 1/9

集约用地 相对于 特色风貌?［单选题］［必答题］
　　○ 极端重要 9　○ 十分重要 7　○ 比较重要 5　○ 稍重要 3　○ 同等重要 1　○ 稍微不重要 1/3　○ 比较不重要 1/5　○ 十分不重要 1/7　○ 极端不重要 1/9

建筑用水 相对于 特色风貌?［单选题］［必答题］
　　○ 极端重要 9　○ 十分重要 7　○ 比较重要 5　○ 稍重要 3　○ 同等重要 1　○ 稍微不

重要 1/3　○ 比较不重要 1/5　○ 十分不重要 1/7　○ 极端不重要 1/9

建筑用能 相对于 特色风貌? [单选题] [必答题]
　　　○ 极端重要 9　○ 十分重要 7　○ 比较重要 5　○ 稍重要 3　○ 同等重要 1　○ 稍微不
重要 1/3　○ 比较不重要 1/5　○ 十分不重要 1/7　○ 极端不重要 1/9

　　问卷结束! 非常感谢您的耐心回答!
　　如果方便,请您留下联系方式,以便将问卷结果反馈给您,请您和我一起分享
研究成果! 您的姓名: [填空题]

您的单位名称: [填空题]

您的主要研究方向: [填空题]

非常感谢您参与此次调查,请您留下对此评价体系的宝贵意见,谢谢! [填空题]

附录 2　乡村生态度评价细则

B1　规划管理

C1　规划编制完善度

1)乡村总体规划或村庄建设和整治规划在有效期内,规划编制与实施有良好的公众参与机制,并得到较好落实。(一票否决项)

选取依据:《绿色低碳重点小城镇建设评价指标(试行)》《财政部 住房城乡建设部关于推动我国绿色建筑发展的实施意见》(财建〔2012〕167 号)。

指标解释:编制乡村总体规划或村庄建设和整治规并经上级政府审批,且在实施有效期间内;得到较好落实,规划编制与实施中有良好的公众参与机制。

评分办法:查阅资料与现场评判。

优良,5 分;一般,3 分;有规划,但其他方面较差,0 分;无规划,一票否决。

2)制定生态低碳乡村规划建设整体实施方案。

选取依据:《绿色低碳重点小城镇建设评价指标(试行)》。

指标解释:是否编制了生态低碳乡村建设整体实施方案,或者在乡村规划设计中是否有生态低碳规划篇章。方案内容可参考本指标体系并结合该乡村的具体条件进行编制。

评分方法:查阅资料与现场评判。

有且全面 5 分;有但不全面 3 分;无 0 分。

C2　政府管理

3)政府对创建绿色低碳重点乡村责任明确,发挥领导和指导作用,进行了工作部署,并落实了资金补助。

选取依据:《绿色低碳重点小城镇建设评价指标(试行)》。

评分办法:查阅会议纪要、政府文件与现场评判。

部署明确、分工合理并落实了补助资金,5 分;

部署明确并落实了补助资金,3 分;

部署明确、分工合理但未落实补助资金,1 分;

无部署,0 分。

4)制订规划建设管理办法,城建档案、物业管理、环境卫生、绿化、村容秩序、道路管理、防灾等管理制度健全。

选取依据:《绿色低碳重点小城镇建设评价指标(试行)》。

指标解释:制订规划建设管理办法,且城建档案、物业管理、环境卫生、绿化美化、镇(村)容秩序、道路管理、防灾等管理制度健全。

评分办法:查阅资料与现场评判。

镇:全部具备(7项),5分;基本具备(4项以上包括4项),3分;
　　部分具备(3项以下),1分;尚未建立,0分。

村:全部具备(5项),5分;基本具备(3项以上包括3项),3分;
　　部分具备(2项以下),1分;尚未建立,0分。

B2　生态环境

C3　自然生态

5)环境噪声达标区覆盖率(100%)

选取依据:《绿色低碳重点小城镇建设评价指标(试行)》《国家级环境优美乡村考核指标》《生态县、生态市、生态省建设规划》《无锡市创建国家生态园林城市指标分析情况》。

指标解释:指城市区域按规划的功能区要求达到相应的国家声环境质量标准。目前采用《声环境质量标准》GB 3096—2008。根据《城市区域环境噪声标准》规定,乡村居住环境可参照执行1类标准适用的区域,白天等效噪声值为55分贝,夜间为45分贝。

数据来源:乡镇统计、环境部门,村民委员会。

评分办法:查阅资料与现场评判。

达标,5分;不达标,0分。

6)环境空气质量

选取依据:《绿色低碳重点小城镇建设评价指标(试行)》《国家级环境优美乡村考核指标》《生态县、生态市、生态省建设规划》《江苏省村庄规划建设导则》等省市村庄规划建设导则。

指标解释:指辖区空气环境质量达到国家有关功能区标准要求,目前执行 GB 3095—2012《环境空气质量标准》。

数据来源:乡镇统计、环境部门,村民委员会。

评分方法:查阅资料与现场评判。

达标,5分;不达标,0分。

7)地表水环境质量

选取依据:《绿色低碳重点小城镇建设评价指标(试行)》《国家级环境优美乡村考核指标》《生态县、生态市、生态省建设规划》《江苏省村庄规划建设导则》等省市村庄规划建设导则。

指标解释:根据《地表水环境质量标准》(GB 3838—2002),确定乡村地表水环境质量,满足现行标准。

评分办法:根据环境保护部门数据。

达标,5分;不达标,0分。

8)森林覆盖率　山地≥70%

　　　　　　　山丘≥45%

　　　　　　　平原≥10%

选取依据:《国家级环境优美乡村考核指标》《生态县、生态市、生态省建设规划》。

指标解释:指乡村辖区内森林面积占土地面积的百分比。森林,包括郁闭度0.2以上的乔木林地、经济林地和竹林地。国家特别规定了灌木林地、农田林网以及村旁、路旁、水旁、山旁、宅旁林木面积折算为森林面积的标准。

数据来源:乡镇统计、建设部门,村委会。

计算方法:森林覆盖率=乡村辖区内森林面积(10^4 m^2)/土地面积(10^4 m^2)×100%。

评分办法:查阅资料与现场评判。

达标,5分;不达标,0分。

9)自然湿地保有率　(无湿地则不参评)

选取依据:《贵州省村庄规划建设导则》。

指标解释:自然湿地是指常年或者季节性积水地带、水域和低潮时水深不超过6 m的海域,包括沼泽湿地、湖泊湿地、河流湿地、滨海湿地等自然湿地,以及重点保护野生动物栖息地或者重点保护野生植物的原生地等人工湿地。自然湿地保有率是指受保护和有效管理的自然湿地占辖区总湿地面积的百分比。湿地零净损失是美国联邦湿地保护管理设定的一个政策目标,这一目标的含义是:任何地方的湿地都应该尽可能地受到保护,转化成其他用途的湿地数量必须通过开发或恢复的途径加以补偿,从而保持其至增加湿地资源基数。该目标虽然要求稳定并最终增强湿地存量,但并不表示个别湿地在任何情况下不能触及。而是指区域的湿地量在短期内达到增减平衡,在长期内有所增减。

计算方法:自然湿地保有率=受保护和有效管理的自然湿地面积(10^4 m^2)/辖区总湿地面积(10^4 m^2)

数据来源:乡镇统计、建设部门,村委会。

评分方法:查阅资料与现场评判。

自然湿地保有率很高,5分;自然湿地保有率较高,3分;自然湿地保有率较低,0分。

C4　建成生态

10)人均公共绿地面积(m²/人)

选取依据:《国家级环境优美乡村考核指标》《生态县、生态市、生态省建设规划》《福建省村庄规划建设导则》等省市村庄规划建设导则。

指标解释:指建成区各类公共绿地的总面积与建成区总人口(常住和暂住人口)的比例。建成区公共绿地分为两类:①公园,包括综合性公园、纪念性公园、儿童公园、动物园、植物园、古典园林、风景名胜公园和居住区小公园等用地;②街头绿地,包括沿道路、河湖、海岸和城墙等设有一定游憩设施或起装饰性作用的绿化用地。

计算方法:建成区人均公共绿地面积=建成区公共绿地面积(m²)/建成区总人口(人)

评分办法:据市政园林绿化部门数据。

此值:>12,5分;8~12,3分;<8,0分。

11)合理选择绿化方式,科学配置绿化植物

选取依据:《江苏省村庄规划建设导则》《生态县、生态市、生态省建设规划》。

指标解释:种植应当地气候和土壤条件的植物,采用乔、灌、草结合的复层绿化,种植区域覆土深度和排水能力满足植物生长需求。

数据来源:乡镇统计、建设部门,村委会。

评分办法:查阅资料与现场评判。

达标,5分;不达标,0分。

12)主要道路绿化普及率

选取依据:《国家级环境优美乡村考核指标》《江苏省村庄规划建设导则》等省市村庄规划建设导则。

指标解释:指乡村建成区主要街道两旁栽种行道树(包括灌木)的长度与主要街道总长度之比。

数据来源:乡镇城建部门、园林部门,村民委员会。

评分办法:根据市政园林绿化部门数据。

主要道路绿化普及率:≥95%,5分;35%~95%,3分;<35%,0分。

13)农田林网化率　(山地、丘陵地区不参评)

选取依据:《国家级环境优美乡村考核指标》《福建省村庄规划建设导则》。

指标解释:指受农田四周的林带保护面积与农田总面积之比。不单纯指林带本身的面积,而是包括受保护的农田面积。

数据来源:乡镇林业部门、农业部门,村民委员会。

计算方法:农田林网化率＝农田四周的林带保护面积(10^4 m^2)/农田总面积(10^4 m^2)×100%

评分办法:根据市政园林绿化部门数据。

农田林网化率:≥70%,5分;35%～70%,3分;<35%,0分。

C5　污染治理

14)近三年无重大环境污染或生态破坏事故(一票否决)

选取依据:《绿色低碳重点小城镇建设评价指标(试行)》《国家级环境优美乡村考核指标》。

指标解释:环境污染与破坏事故指由于违反环境保护法规的经济、社会活动与行为,以及意外因素的影响或不可抗拒的自然灾害等原因,致使环境受到污染,国家重点保护的野生动植物、自然保护区受到破坏,人体健康受到危害,社会经济和人民财产受到损失,造成不良社会影响的突发性事件。重大环境污染或生态破坏事件由环境保护部门认定。

评分方法:根据环境保护部门数据。

如近三年没有发生任何重大环境污染或生态破坏事件,5分;

如近三年发生重大环境污染或生态破坏事件,一票否决。

15)认真贯彻执行环境保护政策和法律法规,辖区内无滥垦、滥伐、滥采、滥挖现象

选取依据:《绿色低碳重点小城镇建设评价指标(试行)》《全国环境优美乡村考核标准》。

评分方法:现场核查与评判。

环境保护法律执行良好,辖区无上述现象,5分;

辖区基本无滥垦、滥伐、滥采、滥挖现象,3分;

辖区有严重滥垦、滥伐、滥采、滥挖现象,0分。

B3　基础设施

C6　道路交通

16)道路设施完善,路面及照明设施完好,雨箅、井盖、盲道等设施建设维护完好

选取依据:《绿色低碳重点小城镇建设评价指标(试行)》《江苏省村庄规划建设导则》《安徽省村庄规划建设导则》。

指标解释:乡村主要道路铺装的面积与主要道路总面积之比。路面材料以水泥、沥青为主,非机动车道路也可利用石板、鹅卵石、红石等地方石材资源。

评分办法:查阅资料与现场评判。

主要道路铺装率:≥95%,5分;35%~95%,3分;<35%,0分。

17)道路用地适宜度

选取依据:《绿色低碳重点小城镇建设评价指标(试行)》《江西省村庄规划建设导则》《新疆维吾尔自治区村庄规划建设导则》等省市村庄规划建设导则。

主干线红线宽度(m)

指标解释:指城镇建成区主要干道的红线宽度,包括道路绿化带。作为绿色低碳重点小城镇,根据《关于清理和控制城市建设中脱离实际的宽马路、大广场建设的通知》(建规〔2004〕29号):主要干道包括绿化带的红线宽度,镇不得超过40 m。村的主干道红线宽度不得超过6 m。乡村道路交通建设应注重合理规划路网布局,加大路网密度,改善交通组织管理。

评分办法:根据住房城乡建设部门数据。

镇:此值≤40 m,5分;40~60 m,3分;>60 m,0分。

村:此值≤6 m,5分;6~8 m,3分;>8 m,0分。

18)交通与停车管理:建成区交通安全管理有序,车辆停靠管理规范,停车场设置合理

选取依据:《江苏省村庄规划建设导则》《新疆维吾尔自治区村庄规划建设导则》。

指标解释:根据村庄条件按每户0.5~1.0个停车位的标准配置。其中农用车停车场地、多层住宅的停车场地宜集中布置,低层住宅停车场地可结合宅院设置。镇参考城市建筑设计规范设置。

评分办法:查阅资料与现场评判。

优秀,5分;良好,3分;一般,0分。

C7　垃圾污水处理

19)生活垃圾处理

选取依据:《绿色低碳重点小城镇建设评价指标(试行)》《国家级环境优美乡村考核指标》《江苏省村庄规划建设导则》《新疆维吾尔自治区村庄规划建设导则》等省市村庄规划建设导则。

A. 乡村生活垃圾收集率(%)

指标解释:乡村保洁的覆盖范围,按照覆盖服务人口数计算。

评分方法:根据环卫部门提供数据,结合现场抽查。

此值:≥90%,5分;70%～90%,3分;<70%,0分。

B. 乡村生活垃圾无害化处理率(%)

指标解释:生活垃圾无害化处理率指无害化处理的乡村生活垃圾数量占乡村生活垃圾产生总量的百分比。生活垃圾无害化处理指卫生填埋、焚烧、制造沼气和堆肥。卫生填埋场应有防渗设施,或达到有关环境影响评价的要求(包括地点及其他要求)。执行《国家生活垃圾填埋污染控制标准》(GB 16889—2008)和《国家生活垃圾焚烧污染控制标准》(GB KB3—2014)等垃圾无害化处理的有关标准。

计算方法:乡村生活垃圾无害化处理率＝生活垃圾无害化处理量(t)/生活垃圾产生总量(t)×100%

评分方法:根据环卫部门数据,结合现场抽检。

此值:≥80%,5分;60%～80%,3分;<60%,0分。

C. 乡村实施生活垃圾分类收集的住户比例

指标解释:乡村推行生活垃圾分类收集的住户比例数目。

评分方法:现场抽查有关居民区。

此值:≥15%,5分;0～15%,3分;无,0分。

20)生活污水处理

选取依据:《绿色低碳重点小城镇建设评价指标(试行)》《江苏省村庄规划建设导则》《新疆维吾尔自治区村庄规划建设导则》等省市村庄规划建设导则,以及《浙江省农房改造建设示范村工程试点申报和考核验收办法(试行)》。

A. 雨污分流

指标解释:村庄应采用有污水排水系统的不完全分流制,有条件的村庄宜采用有雨污水排水系统的完全分流制。布置排水管渠时,雨水应充分利用地表径流和沟渠就近排放;污水应通过管道或暗渠排放,雨污水管渠宜尽量采用重力流。

评分方法:根据乡镇规划建设部门或村委会提供数据。

雨污水完全分流,5分;雨污水部分分流,3分;雨污水不分流,0分。

B. 乡村污水处理率(%)

指标解释:生活污水处理率指乡村经过污水处理且达到排放标准的生活污水量占生活污水排放总量的百分比。

计算方法:生活污水处理率=污水处理生活污水量(10^4 t)/生活污水排放总量(10^4 t)×100%。

评分方法:根据乡镇规划建设部门或村委会提供数据。

此值:≥85%,5分;60%~85%,3分;<60%,0分。

C8　公建配套

21)教育设施

建成区中小学建设规模和标准达到《农村普通中小学校建设标准》要求,且教学质量好、能够为周边学生提供优质教育资源。

选取依据:《绿色低碳重点小城镇建设评价指标(试行)》《新疆维吾尔自治区村庄规划建设导则》《重庆市村庄规划建设导则》等省市村庄规划建设导则。

指标解释:指政府举办的纳入财政预算管理的提供义务教育的中小学校,其建设规模和标准达到《农村普通中小学校建设标准》(建标〔2008〕109号)要求。

评分办法:查阅资料与现场评判。

优秀,5分;基本达标,3分;较差,0分。

22)医疗设施

公立医院建设规模和标准达到《乡村卫生院建设标准》要求,且能够发挥基层卫生网点作用,能够满足居民预防保健及基本医疗服务需求。

选取依据:《绿色低碳重点小城镇建设评价指标(试行)》《贵州省村庄规划建设导则》《江西省村庄规划建设导则》等省市村庄规划建设导则。

指标解释:指政府举办的纳入财政预算管理的乡村医院,其建设规模和标准达到《乡村卫生院建设标准》(建标〔2008〕42号)要求。

评分办法:查阅资料与现场评判。

优秀,5分;基本达标,3分;较差,0分。

23)商业(集贸市场)设施

建成区至少拥有集中型便民集贸市场1座,且市场管理规范。

选取依据:《绿色低碳重点小城镇建设评价指标(试行)》《江苏省村庄规划建设导则》《江西省村庄规划建设导则》等省市村庄规划建设导则。

评分办法:现场评判。

优秀,5分;一般,3分;较差,0分。

24)公共文体娱乐设施

公共文化设施至少1处:文化活动中心、图书馆、体育场(所)、影剧院等。

选取依据:《绿色低碳重点小城镇建设评价指标(试行)》《江苏省村庄规划建设导则》《江西省村庄规划建设导则》等省市村庄规划建设导则。

指标解释:指由政府举办或者社会力量举办的,向公众开放用于开展文化体育活动的建筑物、场地和设备,包括文化活动中心、图书馆、影剧院、体育场(所)。

评分办法:查阅资料与现场评判。

4 项都有,5 分;1～3 项,3 分;无,0 分。

25)公共厕所配置合理

《国家卫生镇考核标准(试行)》规定:公厕数量足够,镇区每平方千米不少于3 座,居民区每百户设 1 座,位置适宜。北纬 35°以北的城镇镇区无害化卫生厕所普及率达 30%以上,北纬 35°以南的城镇镇区水冲式公厕普及率达 70%以上。1500 人以下规模的村庄,宜设置 1～2 座公厕,1500 人以上规模的村庄,宜设置2～3 座公厕。公厕有专人管理,保洁落实,地面及四周墙壁整洁,大便池有隔断,便池内无积粪、无尿碱,基本无臭、无蝇蛆。

选取依据:《江苏省村庄规划建设导则》《贵州省村庄规划建设导则》等省市村庄规划建设导则。

数据来源:村民委员会。

评分办法:现场评判。

合理,5 分;一般,3 分;无,0 分。

B4　经济产业

C9　社会保障

26)社会保障覆盖率

选取依据:《绿色低碳重点小城镇建设评价指标(试行)》《重庆市村庄规划建设导则》。

指标解释:农村合作医疗覆盖率和农村养老保险覆盖率。

评分方法:100%,5 分,每降低 10%扣 1 分,扣完为止。

C10　产业建设

27)本地主导产业有特色,有较强竞争力,并符合循环经济发展理念

选取依据:《绿色低碳重点小城镇建设评价指标(试行)》《江苏省村庄规划建设导则》。

指标解释:乡村有适合本地的各项特色创意主题活动和产业,成为较为固定的

旅游或发展项目,镇中有较强竞争力的企业集群存在。

评分方法:现场评判。

优良,5分,一般,3分,较差,0分。

28)生态农业模式建设

选取依据:《绿色低碳重点小城镇建设评价指标(试行)》《江苏省村庄规划建设导则》《新疆维吾尔自治区村庄规划建设导则》。

指标解释:①至少有一种(或以上)模式,且达到一定规模和特色;

②要求有无公害农产品、绿色食品或有机食品认证产品;

③主要农产品中有机、绿色及无公害产品种植(养殖)面积的比重,指有机、绿色及无公害产品种植面积与农作物播种总面积的比例。有机、绿色及无公害产品种植面积不能重复统计。

数据来源:农业、林业、环保、质检、统计部门。

评分方法:现场评判。

优良,5分;一般,3分;较差,0分。

B5　低碳节能

C11　集约用地

29)建成区人均建设用地面积

选取依据:《绿色低碳重点小城镇建设评价指标(试行)》《江西省村庄规划建设导则》《新疆维吾尔自治区村庄规划建设导则》《江苏省村庄规划建设导则》《福建省村庄规划建设导则》。

指标解释:单位人口(常住和暂住人口)所拥有的建成区建设用地面积。镇人均规划建设用地指标不超过120平方米。村庄人均规划建设用地指标不超过130平方米。

计算方法:人均建设用地面积=建成区建设用地面积(m^2)÷建成区常住人口(人)×100%

评分办法:根据住房城乡建设部门数据。

镇:此值≤120,5分;120~140,3分;>140,0分。

村:此值≤130,5分;130~150,3分;>150,0分。

30)行政办公设施节约度

选取依据:《绿色低碳重点小城镇建设评价指标(试行)》。

A. 集中政府机关办公楼人均建筑面积(m^2/人)

指标解释:指城镇集中建设的党政综合行政办公设施及其附属设施的总建筑面积与相应单位编制人员的比率。作为生态低碳村,其集中建设的党政综合行政办公设施应符合乡村规划的要求,特别要符合国家有关节约用地、节能节水的相关规定;建设水平应与当地的经济发展水平相适应,做到实事求是、因地制宜、功能适用、简朴庄重,坚决避免"超标豪华办公楼"。本标准以《国家发展计划委员会关于印发党政机关办公用房建设标准的通知》(计投资〔1999〕2250号)对县城镇及以下党政机关办公用房标准上限($18 m^2$)为依据。

评分方法:根据建筑总面积和正式在编人员总数计算。

此值:≤18,5分;>18,0分。

B. 院落式行政办公区平均建筑密度

指标解释:指城镇集中建设的院落式党政综合行政办公区用地范围内所有建筑的基底总面积与规划建设用地面积之比(%),反映出行政办公用地范围内的空地率和建筑密集程度。此值小于0.2则认为行政办公用地浪费十分严重。

计算方法:院落式党政综合行政办公区平均建筑密度=城镇集中建设的围合式党政综合行政办公区用地范围内所有建筑的基底总面积($10^4 m^2$)÷规划建设用地总面积($10^4 m^2$)×100%。

评分办法:

此值:≥0.3,5分;0.2~0.3,3分;<0.2,一票否决。

C12　建筑用水

31)非居民用水全面实行定额计划用水管理

选取依据:《绿色低碳重点小城镇建设评价指标(试行)》《江苏省村庄规划建设导则》《贵州省村庄规划建设导则》等省市村庄规划建设导则。

指标解释:有当地主要工业行业和公共用水定额标准,非居民用水全面实行定额计划用水管理。

评分方法:查找当地关于用水定额的文件资料。

有,5分;无,0分。

32)节水器具普及使用比例

选取依据:《绿色低碳重点小城镇建设评价指标(试行)》《江苏省村庄规划建设导则》。

指标解释:居民区、公厕和公共建筑推广使用节水型器具。

评分方法:现场抽样调查小区、公厕和公共建筑。

抽查后比例≥90%,5分;80%~90%,3分;<80%,0分。

33)雨水回收利用

选取依据:《绿色低碳重点小城镇建设评价指标(试行)》《贵州省村庄规划建设

导则》《安徽省村庄规划建设导则》等省市村庄规划建设导则。

指标解释：乡村均应建立雨水回收利用系统，进行雨水收集，雨水收集排放系统能够有效运行。

评分方法：现场考核评判。

有雨水收集系统，且运行有效，5分；有雨水收集系统，3分；无雨水收集系统，0分。

C13 建筑用能

34)使用清洁能源的居民户数比例

选取依据：《绿色低碳重点小城镇建设评价指标(试行)》《江苏村庄规划建设导则》。

指标解释：乡村居民使用清洁能源。村清洁能源使用户数合计占村总户数的60%以上。清洁能源指消耗后不产生或很少产生污染物的可再生能源(包括水能、太阳能、生物质能、风能、地热能、海洋能)、低污染的化石能源(如天然气)，以及采用清洁能源技术处理后的化石能源(如清洁煤、清洁油)。

数据来源：乡镇城建、统计、环保部门，村委会。

评分方法：现场评判。

镇：使用三项以上(含三项)，5分；使用1～2项，3分；无或使用规模不达标，0分。

村：使用任一项，5分；无或使用规模不达标，0分。

35)农作物秸秆综合利用率

选取依据：《绿色低碳重点小城镇建设评价指标(试行)》。

指标解释：指乡村辖区内综合利用的农作物秸秆数量占农作物秸秆产生总量的百分比。秸秆综合利用主要包括粉碎还田、过腹还田、用作燃料、秸秆气化、建材加工、食用菌生产、编织等。乡村辖区全部范围划定为秸秆禁烧区，并无农作物秸秆焚烧现象。

数据来源：乡镇环保部门、农业部门，村委会。

计算方法：农作物秸秆综合利用率＝综合利用的总作物秸秆数量(t)/农作物秸秆产生的总量×100%。

评分方法：现场评判。

此值：≥95%，5分；<95%，0分。

36)规模化畜禽养殖场粪便综合利用率(无规模化畜禽养殖场不参评)

选取依据：《国家级环境优美乡村考核指标完成情况统计表》《生态县、生态市、生态省建设规划》。

指标解释：指乡村辖区内规模化畜禽养殖场综合利用的畜禽粪便量与畜禽粪

便产生总量的比例。按照《畜禽养殖污染防治管理办法》（国家环境保护总局令第9号），规模化畜禽养殖场，是指常年存栏量为 500 头以上的猪、3 万只以上的鸡和 100 头以上的牛的畜禽养殖场，以及达到规定规模标准的其他类型的畜禽养殖场。其他类型的畜禽养殖场的规模标准，由省级环境保护行政主管部门作出规定。畜禽粪便综合利用主要包括用作肥料、培养料、生产回收能源（包括沼气）等。

数据来源：乡镇环保部门、农业部门。

计算方法：规模化畜禽养殖场粪便综合利用率＝规模化畜禽养殖场综合利用的畜禽粪便量(t)/畜禽粪便产生的总量(t)×100％。

评分方法：现场评判。

此值：≥90％,5 分；<90％,0 分。

37）新建建筑执行国家节能或绿色建筑标准，既有建筑节能改造计划并实施

选取依据：《绿色低碳重点小城镇建设评价指标（试行）》。

指标解释：乡村新建公共建筑中达到绿色建筑 1 星标准的比例达到 50％以上，或既有建筑实施节能改造计划。

评分方法：现场评判。

至少有一项,5 分；两项全无,0 分。

C14 风貌建设

38）辖区内历史文化资源，依据相关法律法规得到妥善保护与管理

选取依据：《绿色低碳重点小城镇建设评价指标（试行）》《江苏省村庄规划建设导则》等省市村庄规划建设导则。

评分方法：查阅资料与现场评判。

良好,5 分；一般,3 分；较差,0 分。

39）乡村建设风貌与地域自然环境特色协调，主要建筑规模尺度适宜，色彩、形式协调

选取依据：《绿色低碳重点小城镇建设评价指标（试行）》《江苏省村庄规划建设导则》等省市村庄规划建设导则。

评分方法：查阅资料与现场评判。

良好,5 分；一般,3 分；较差,0 分。

附录 3   乡村基本情况调查表

_____县 _____镇 _____乡 _____村

填表人：_____   联系电话：_____

户数：_____户   常住人数：_____人

村域面积：_____ m²   总建筑面积：_____ m²

项目			2012 年	2013 年	2014 年	备注
森林面积/m²						
耕地面积/m²						
湿地面积/m²						
乡村公共绿地面积/m						
农业生产	化肥/kg					
	农药/kg					
	农膜/kg					
	柴油/kg					
	农业机械	翻耕/m²				
		灌溉/m²				
工业生产	工业产值					
	水泥产量					
	水泥用量					
交通	公共交通	公交一	里程数			
			人数			
			比例			
		公交二	里程数			
			人数			
			比例			
		公交三	里程数			
			人数			
			比例			
	私人交通/辆	小汽车				根据平均油耗计算
		摩托车				
		小货车				
		电瓶车				根据平均耗电计算
废弃物	焚烧/kg					
	填埋/kg					
	堆肥					

附录4　长三角地区低碳村镇村民入户问卷调查表

各位居民：

本调查以您的居住情况为主要内容，以期成为今后农村人居环境的规划和建设有参考价值的基础资料。本次调查是基于纯学术研究目的，所获得的数据也没有学术研究以外的任何用途。调查以无记名方式进行，不涉及个人隐私。恳请您尽量在百忙之中完整回答我们的问卷。非常感谢您的配合和帮助。

浙江大学建筑系，2015年6月

提示：有选项的问题，请择其一以圆圈或者打钩明确标记，有括号的问题请具体填写。

1. 家庭情况		
（1）	居住地	（　　）市（　　）县（　　）乡（　　）村
（2）	性别	男性　　　　　　女性
（3）	年龄	30岁以下　30～40岁(含40岁)　40～50岁(含50岁)　50岁以上
（4）	教育程度	初中及以下　　高中及中专　　大学本专科及以上
（4）	职业	务农　私营业主　　企业职员　　其他　　无业
（6）	工作地点	村内　　　　　乡内
（7）	上学地点（如有子女）	村内　　　　乡内　　　　　乡外
（8）	汽车拥有情况	有　　　　　没有
（9）	常用的交通手段 公交车	每周出行次数（　　）　每次平均里程数（　　　）
	小汽车	每周出行次数（　　）　每次平均里程数（　　　）
	摩托车	每周出行次数（　　）　每次平均里程数（　　　）
	货车	每周出行次数（　　）　每次平均里程数（　　　）
	自行车	每周出行次数（　　）　每次平均里程数（　　　）
	步行	每周出行次数（　　）　每次平均里程数（　　　）
（14）	家庭常住人口	共（　　）人　其中成人（　　）人，儿童（　　）人
（15）	家庭年收入	3万元以下　3万～5万(含5万)　5万～10万(含10万)　10万～20万(含20万)　20万～40万(含40万)　40万以上

续表

2. 家庭能源使用		2012 年度	2013 年度	2014 年度
常规能源				
(1)	年用电/元			
	月用电/元	夏季( ) 冬季( ) 春秋( )		
(2)	煤/元			
(3)	天然气/元			
(4)	液化石油气/公斤			
可再生能源				
(5)	太阳能			
(6)	秸秆/公斤	春季( ) 夏季( ) 秋季( ) 冬季( )		
(7)	薪柴/公斤	春季( ) 夏季( ) 秋季( ) 冬季( )		
(8)	秸秆薪柴使用模式	大部分炊事活动以秸秆薪柴为主要能源( ) 秸秆薪柴主要作为煮饭的燃料( ) 基本不使用秸秆薪柴( )		
(9)	沼气/小时			

3. 家庭水资源使用		2014 年度
(1)	家庭用水量	( )吨/月
(2)	家庭饮用水类型	自来水 人口井水 手压井水 其他
(3)	家庭污水排放方式	随意排放 明沟排放 暗沟排放 管道排放

4. 家庭垃圾处理		2014 年度
(1)	家庭垃圾产量	( )公斤/天
(2)	家庭垃圾处理方式	随意丢弃 定点堆放 统一收集 其他

图书在版编目（CIP）数据

低碳生态乡村评价：以长三角地区乡村为例 / 罗晓
予著. —杭州：浙江大学出版社，2020.8
ISBN 978-7-308-20212-1

Ⅰ. ①低… Ⅱ. ①罗… Ⅲ. ①乡村－区域生态环境－
环境生态评价－研究－浙江 Ⅳ. ①X826

中国版本图书馆 CIP 数据核字（2020）第 077611 号

低碳生态乡村评价——以长三角地区乡村为例
罗晓予　著

责任编辑	马一萍
责任校对	陈　宇　陈　欣
封面设计	周　灵
出版发行	浙江大学出版社
	（杭州市天目山路 148 号　邮政编码 310007）
	（网址：http://www.zjupress.com）
排　　版	杭州好友排版工作室
印　　刷	浙江新华数码印务有限公司
开　　本	710mm×1000mm　1/16
印　　张	11.5
字　　数	244 千
版 印 次	2020 年 8 月第 1 版　2020 年 8 月第 1 次印刷
书　　号	ISBN 978-7-308-20212-1
定　　价	56.00 元